贵州省科技计划项目（黔科合支撑[2020]4Y050号）

二氧化碳相变致裂技术研究与应用

江泽标　彭鑫　著

中国矿业大学出版社
·徐州·

内容提要

本著作系统论述了二氧化碳相变致裂原理、致裂设备、致裂效果影响因素及致裂技术应用效果，主要内容包括二氧化碳致裂技术起源、二氧化碳致裂原理、二氧化碳致裂设备、二氧化碳致裂技术效果的试验研究、二氧化碳致裂技术应用效果等。全书内容丰富、层次清晰、论述得当，具有先进性和实用性。

本书可供采矿工程、岩土工程及相关专业的科研与工程技术人员参考。

图书在版编目(CIP)数据

二氧化碳相变致裂技术研究与应用 / 江泽标，彭鑫著. — 徐州：中国矿业大学出版社，2024.4

ISBN 978-7-5646-6247-9

Ⅰ. ①二… Ⅱ. ①江… ②彭… Ⅲ. ①煤矿－瓦斯爆炸－防治－研究 Ⅳ. ①TD712

中国国家版本馆 CIP 数据核字(2024)第 087842 号

书　　名 二氧化碳相变致裂技术研究与应用
著　　者 江泽标　彭　鑫
责任编辑 王美柱
出版发行 中国矿业大学出版社有限责任公司
(江苏省徐州市解放南路　邮编 221008)
营销热线 (0516)83885370　83884103
出版服务 (0516)83995789　83884920
网　　址 http://www.cumtp.com　**E-mail**:cumtpvip@cumtp.com
印　　刷 江苏淮阴新华印务有限公司
开　　本 787 mm×1092 mm　1/16　**印张** 8.25　**字数** 211 千字
版次印次 2024 年 4 月第 1 版　2024 年 4 月第 1 次印刷
定　　价 48.00 元

前　言

由于资源开发、工程建设等方面的需要，人类对岩石破碎的需求从未停歇。早在公元前5世纪，我国就采用火爆法落矿。自19世纪以来，硝化甘油炸药的发明使爆破成为应用最广泛的岩石破碎开挖方法。爆破作为一种高加载率破岩方法，不可避免地带来振动、空气冲击波和飞石等公害，且存在损伤原岩、对邻近建筑物扰动较大等缺点。为克服爆破的诸多缺点，一些安全可靠的爆破替代技术逐步被引入岩石破碎与开挖领域。其中，二氧化碳相变致裂具有安全性好、操作方便、破岩效率高、公害小等优点，在各类岩体破碎开挖工程中使用较多。

二氧化碳相变致裂以液态二氧化碳与气态二氧化碳之间的能量差作为破岩动力，致裂时液态二氧化碳首先吸热转化为超临界态，再卸压膨胀转换为高压气体，破碎岩石。整个致裂过程不仅无火花，还能吸热抑燃，属于典型的物理爆炸。该技术起源于20世纪初，最初用于英国煤矿中的低透气性高瓦斯煤层增透和开采，以达到减少开采煤尘、降低瓦斯爆炸风险的目的，随后在美国、德国、法国等国家的煤矿中大量使用。得益于煤矿机械化生产的快速发展，20世纪70年代末，英国在采煤领域全方位推广了机械化开采，停止了二氧化碳相变致裂管的使用。与此同时，此技术开始在钢铁、水泥、电力等领域崭露头角，用于结块清除、管道清堵、料仓破拱。

如今，二氧化碳相变致裂在改善瓦斯抽采效果、复杂环境下岩土体开挖等领域破岩的优势再度得到关注，但因其致裂效果影响因素较多，还需要进一步开展科学研究、技术创新和环境风险评估，以确保其安全和可持续发展。为推动该技术在岩石破碎与开挖领域的大规模应用，本书介绍了国内外二氧化碳相变致裂相关研究成果，系统归纳分析了二氧化碳相变致裂设备、致裂原理、致裂荷载、致裂效果影响因素及有害效应研究现状，以实例应用展示了该技术的效果。

受笔者水平和时间所限，书中难免存在不足之处，恳请读者批评指正。

著　者

2024年3月

目　录

第 1 章 二氧化碳致裂技术起源

1.1 煤与瓦斯突出危害

进入 21 世纪以来，随着我国经济的高速发展，国内各行各业对煤炭的需求量不断攀升；面对旺盛的煤炭消耗需求，我国煤层开采深度逐步加深，开采环境中的地应力与瓦斯压力、瓦斯含量不断增加，所面临的瓦斯事故，尤其是煤与瓦斯突出事故变得更加频繁与严重。煤与瓦斯突出一直以来是制约矿井安全生产的主要灾害之一，消除煤与瓦斯突出能有效帮助矿井提升煤炭产量，促进煤炭产业和谐、有序发展。

1.1.1 煤炭对我国社会生产的重要性

我国的能源资源禀赋是“富煤、贫气、少油”[1]，我国是全球最大的煤炭生产和消费国。煤炭作为一次能源在我国的能源生产[图 1-1(a)]与消耗[图 1-1(b)]结构中一直占有很高的比重，是我国主要的能源。2011—2020 年，煤炭在我国一次能源生产和消费结构中的比重一直保持在 55%以上，虽然近年来在国家提倡“碳达峰、碳中和”的战略目标与增加非化石能源和天然气的消费比重要求下[2]，煤炭的生产与消费比重逐年下降，但是从图 1-1 中可看出煤炭在我国能源中仍然处于支柱地位并且目前来说不可替代，同时根据《能源中长期发展规划纲要(2004—2020 年)》与《能源发展“十三五”规划》可以看出煤炭依旧是我国社会发展中不可或缺的基础能源。

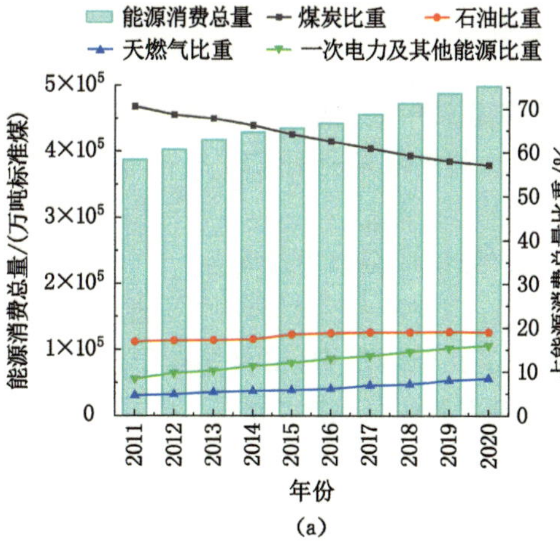

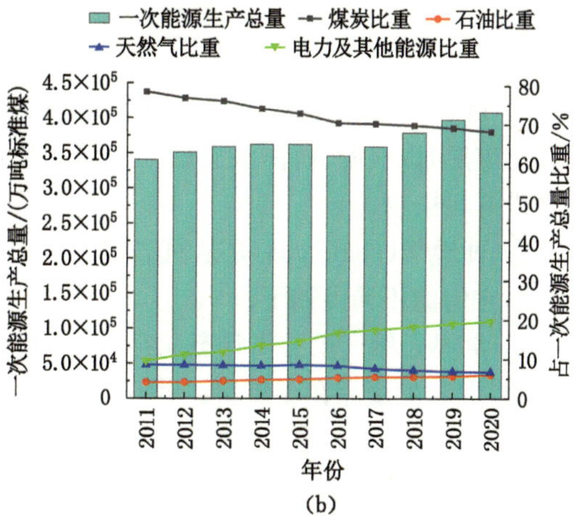

图 1-1 我国能源生产、消费总量及各种形式能源生产、消耗占比

在《中华人民共和国国民经济和社会发展第十四个五年规划和 2035 年远景目标纲要》

中，要求“推动煤炭等化石能源清洁高效利用”与实施“碳捕集利用与封存(CCUS)”等项目，这表明在未来能源消耗中煤炭会继续保持一定的需求量，煤炭的消耗是最大的碳排放来源，在新形势下，未来煤炭行业的开采与发展会保持一段时间的稳定，不过需要附加“清洁、高效”同时对碳进行捕集与封存这一条件[3]。为了达到这一条件，需要在开采过程中注重煤层气这种伴生气体的利用，达到经济效益最大化。同时开采后的煤层空间与不可采煤层可以很好地作为封存的地质条件，为煤炭绿色发展作出贡献。

1.1.2 煤层气作为开采“伴生气”的价值

1.1.2.1 天然气与煤层气、页岩气之间的关系

专业上把天然气称为常规天然气，而把煤层气与页岩气称为非常规天然气，其本质都是“天然气”即天然形成之气，它们都是古老生物遗体埋藏于沉积地层中，通过地质作用形成的化石燃料，都是自然形成的洁净、优质能源[4]。它们之间的相同点如下。

① 常规天然气(conventional gas)是一种多组分的混合气态化石燃料，主要成分是甲烷，另有少量乙烷、丙烷和丁烷，成分相对复杂，标准状态下密度 $\rho=0.716\ kg/m^3$，是空气的 0.554 倍，比空气轻，具有无色、无味、无毒之特性。甲烷分子模型如图 1-2 所示。

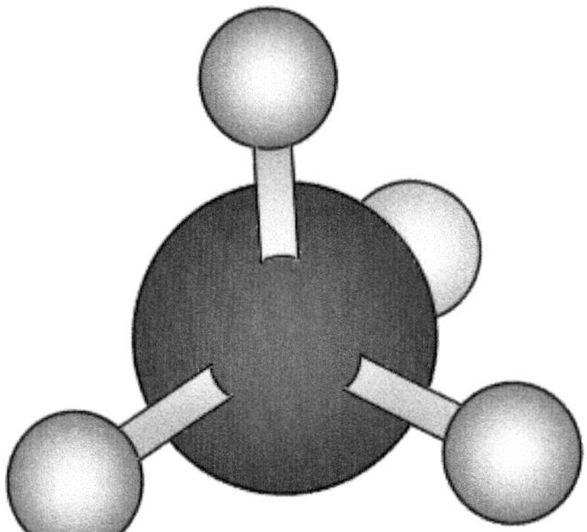

图 1-2 甲烷分子模型

② 煤层气(coal bed methane)俗称“瓦斯”，主要成分是甲烷，成分较简单，它基本上未运移出煤层，以吸附、游离状态赋存于煤层及其围岩中。其热值是通用煤的 2～5 倍，燃烧后几乎没有污染物。

③ 页岩气(shale gas)是从页岩层中开采出来的天然气，成分以甲烷为主。

而它们的不同点如下。

① 常规天然气以游离状态赋存为主，蕴藏在地下多孔隙岩层中，主要存在于油田和天然气田，也有少量存在于煤田。其开采时一般采用自喷方式采气、排水方式采气，开采技术较简单。

② 煤层气赋存特点是在成煤的过程中以吸附在煤基质颗粒表面为主，少部分游离于煤、围岩孔隙中或溶解于水中。其开采一般有两种方式：一是地面钻井开采；二是井下瓦斯抽采系统抽出，相对天然气开采难度大一点。

煤层气是一种以吸附状态为主储存于煤层及其围岩中的瓦斯气体，发热量大于 8 100 $kcal/m^3$(1 kcal=4 184 J)，与天然气相比主要不同点如下：

a. 煤层气基本不含 C_2 以上的重烃，产出时不含无机杂质；天然气一般含有 C_2 以上的重烃，产出时含无机杂质。

b. 在地下存在方式不同，煤层气主要以大分子团的吸附状态存在于煤层中，而天然气主要以游离气体状态存在于砂岩或灰岩中。

c. 生产方式、产量曲线不同。煤层气通过排水降低地层压力，从煤层中解吸—扩散—流动到达地面，而天然气主要靠自身的正压产出；煤层气初期产量低，但生产周期长，可达 20～30 年，天然气初期产量高，生产周期一般在 8 年左右。

d. 煤层气又称煤矿瓦斯，是煤矿生产安全的主要威胁，同时煤层气的资源量又直接与采煤相关，采煤之前如果不先采气，在采煤过程中煤层气就排放到大气中；而天然气资源量受其他采矿活动影响较小，可以有计划地控制。

③ 页岩气成藏的生烃条件及过程与常规天然气相同，页岩气藏具有自生自储的特点，页岩既是烃源岩又是储集岩。其开采难度较大(因为页岩气储集层渗透率低)，主要有水平井技术和多层压裂技术。较常规天然气，页岩气具有生产周期长的优点，且分布范围广，厚度大，能够长期稳定产气，所以页岩气的开采技术研究是当下热点。

油气藏示意图如图 1-3 所示。

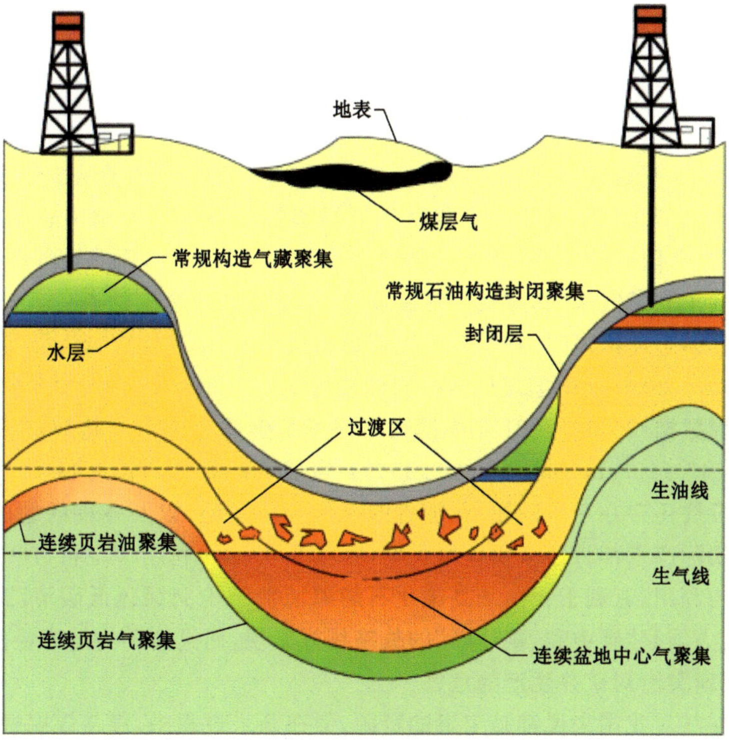

图 1-3　油气藏示意图

1.1.2.2　煤层气(瓦斯)的价值

天然气是世界各国发展低碳经济所需能源的主要形式，对比发达国家超过 30% 的天然气消费比重，我国的天然气消费比重不足 10%，并且在我国京津冀、长三角、珠三角和东北地区存在对天然气需求量大的情况。煤层气是非常规天然气重要的组成部分，我国每年的瓦斯开采与利用存在严重的不平衡现象，如图 1-4 所示。相较二氧化碳，瓦斯作为一种温室气体，其产生的温室效应是单位质量二氧化碳的 21 倍之多。所以当前存在的瓦斯抽采与利用不平衡的情况是对我国环境的严重威胁。

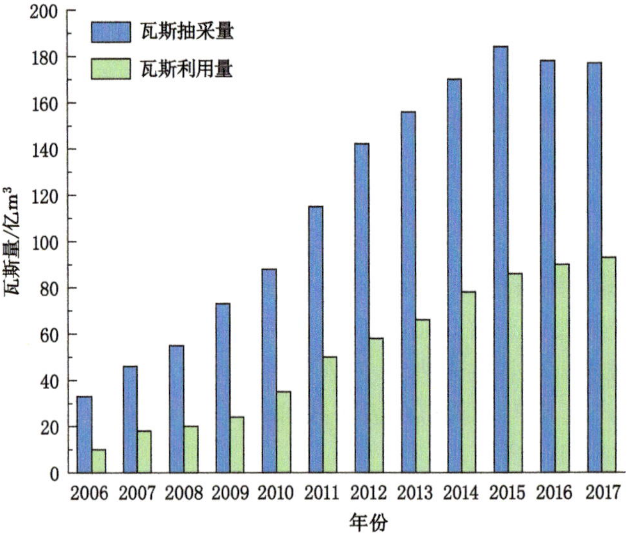

图 1-4　我国瓦斯抽采与利用对比

我国的煤层气资源，其分布可以划分为五大赋气区，按照资源量从少到多分别是青藏、东北、南方、西北和华北赋气区[5]。青藏赋气区煤层气资源量仅占全国总量的万分之一左右，东北赋气区占全国的 9.67%，南方赋气区占全国的 18.18%，西北赋气区大约占全国的 1/4，占比最大的华北赋气区，其煤层气资源量最为丰富，约占全国的 46.27%。2015 年对煤层气资源进行的动态评价表明，我国煤层气资源总量接近 3.0×10^{13} m^3，可采资源的总量约为 1.25×10^{13} m^3。2020 年中国煤层气探明储量为 $3.315\ 54\times10^{11}$ m^3，同比增加 15.71%。根据国家统计局数据，2015—2021 年中国煤层气产量整体上呈上升趋势，2021 年中国煤层气产量达到 1.047×10^{10} m^3，同比增加 2.35%。煤层气产量的增长主要来自地面煤层气抽采。尽管行业发展还存在一些问题，但随着国家补贴的实施，以及各种问题的改善，煤层气的产能建设和实际产量都将迎来快速增长期，且抽采资源的利用率也将进一步提高。加快煤层气的开发与利用，有利于我国从高碳化石能源消费结构向绿色低碳清洁能源消费结构转型，不仅能助力国家“碳中和、碳达峰”的战略目标实现，而且能助力国家经济发展。

1.1.3　煤与瓦斯突出对矿井生产的危害

煤炭与煤层气对我国来说都是宝贵的资源，但在开采过程中，煤与煤层气却可能产生严重危害——煤与瓦斯突出事故[6]。我国是世界上受煤与瓦斯突出事故影响最为严重的国家。截至 2019 年 8 月，全国煤矿总数 5 695 处，其中高瓦斯矿井 1 024 处，突出矿井 757 处。截至 2021 年 1 月 8 日，从国家矿山安全监察局获悉，全国有 840 处高瓦斯矿井、719 处煤与瓦斯突出矿井。截至 2021 年年底，全国煤矿数量减少至 4 500 处以内，发生突出的次数近 20 000 次，超过世界上其他国家煤与瓦斯突出次数的总和。图 1-5 是 2004—2018 年我国煤矿事故起数、死亡人数与煤矿百万吨死亡人数的统计情况，从图上看整体呈下降态势，但事故带来的人员伤亡与财产损失仍然不可忽视。图 1-6 为各类矿井事故死亡人数占比情况。

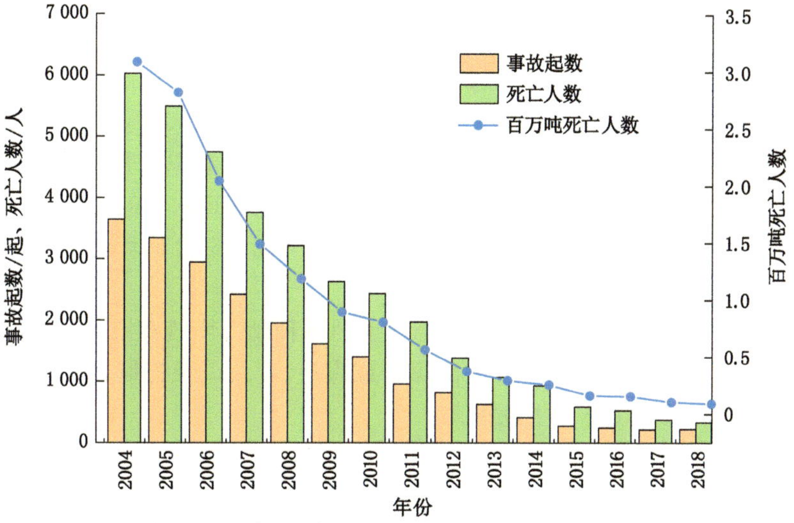

图 1-5　我国 2004—2018 年煤矿事故起数、死亡人数与百万吨死亡人数

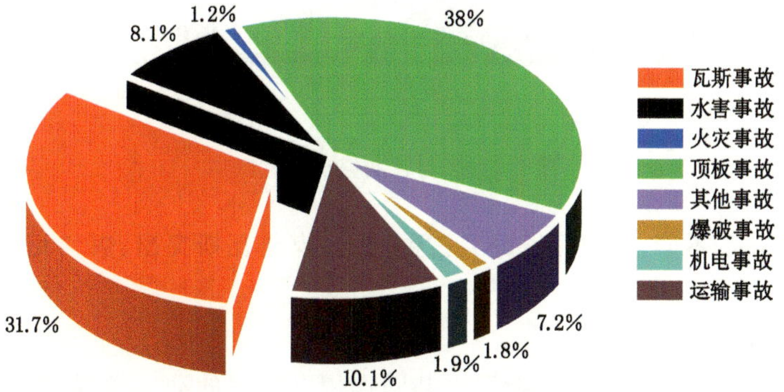

图 1-6　各类矿井事故死亡人数占比

2012 年以来重特大瓦斯事故占煤矿重特大事故总量的 70%，这些都充分说明瓦斯是煤矿安全生产的“第一杀手”，防范和遏制瓦斯事故始终是煤矿安全生产的重中之重[7]。我国受煤与瓦斯突出威胁的原煤产量占总产量的 30%左右，随着煤矿开采深度的增加，地应力和瓦斯压力、瓦斯含量增加，煤与瓦斯突出危险性日益加大。同时，我国的大部分煤层透气性差、瓦斯含量高、地质条件比较复杂、具有严重的突出危险，瓦斯抽采难度大。所以在煤矿开采的过程中，预防瓦斯事故是一项十分重要的工作。

不同的煤与瓦斯突出其规模有很大的区别，煤与瓦斯突出的规模常用突出强度表示[8]。突出强度是指每次突出发生的过程中煤层向采掘工作面抛出的煤岩量(t)和涌出的瓦斯量(m^3)。因为存在现场瓦斯计量困难的情况，通常按照煤与瓦斯突出的煤岩量作为突出强度的划分依据。一般分为 5 种强度：

① 小型突出：突出强度<50 t/次；

② 中型突出：突出强度 50～99 t/次；

③ 次大型突出：突出强度 100～499 t/次；

④ 大型突出：突出强度 500～999 t/次；

⑤ 特大型突出：突出强度≥1 000 t/次。

煤与瓦斯突出是煤矿企业生产过程中面临的一种强大自然灾害，它严重威胁矿井的安全生产。煤与瓦斯突出能在一瞬间向采掘工作面抛出大量煤岩以及形成喷涌的瓦斯流，不仅会严重摧毁巷道设施，毁坏通风系统，而且会使突出发生巷道附近的井巷全部充满瓦斯与煤粉，造成瓦斯窒息与煤流埋人的现象，还能导致煤粉与瓦斯混合爆炸的严重后果。

1.1.3.1 煤与瓦斯突出类型与特点

煤与瓦斯突出是在矿井采掘过程中煤岩发生的一种动力学现象[9]。当突出发生时，煤岩会在短时间内向掘进的巷道内大量抛出煤粉或煤块、岩块以及瓦斯，如图 1-7 所示，对矿井巷道内的工作人员以及设备产生危害。

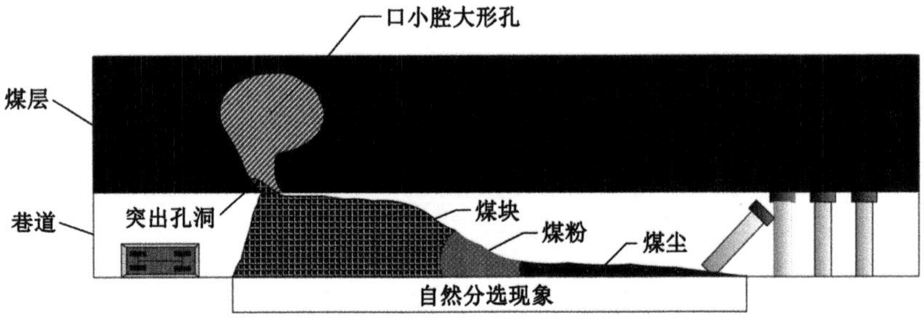

图 1-7　煤与瓦斯突出示意图

根据力学性质的不同，突出可以分为三种类型：煤与瓦斯突出、煤与瓦斯压出以及煤与瓦斯倾出。

（1）煤与瓦斯突出

煤与瓦斯突出是在地应力与瓦斯压力共同作用下产生的动力学现象，主要影响因素是地应力，而高压瓦斯能是瓦斯突出的基本能量来源。其特征有：

① 向巷道喷出的煤由于瓦斯压力的作用被远远抛离突出点，从数米到数百米不等。

② 抛出的煤的堆积坡度小于自然安息角，且具有分选现象。

③ 抛出的煤大部分为破碎程度较高的煤粉或煤尘。

④ 具有明显的动力效应，具体表现为破坏巷道支架、推倒矿车、摧毁风门、严重损坏其他生产设备等。

⑤ 煤与瓦斯突出发生时，大量的瓦斯气体涌向巷道，会使回风流瓦斯长时间超限，有时还会发生瓦斯逆流的情况，根据突出强度和矿井的通风水平等要素，瓦斯涌出可波及一个或几个采区，甚至全矿井。

⑥ 突出的孔洞形状有口小腔大的特点，一般呈现梨形、舌形、倒瓶形、分岔形等形状，多数位于巷道的上方或上隅角。

（2）煤与瓦斯压出

在地应力作用下，尤其是在采掘应力作用下，采掘工作面的煤体被抛出或有部分整体煤岩发生位移，并有大量瓦斯涌出的动力现象叫作煤与瓦斯压出，如图 1-8 所示。煤与瓦斯压出过程中，采掘工作面煤岩体积蓄的弹性势能是能量来源。其特征有：

① 煤与瓦斯压出有两种形式：a. 煤岩的整体位移；b. 煤块的抛出，不过位移与抛出的距离都较小。

② 煤与瓦斯压出的煤多为块状，并且不存在分选现象。

③ 煤与瓦斯压出发生后，煤层与顶底板之间的裂隙存在煤粉，整体位移的煤岩体上有大量裂隙。

④ 煤与瓦斯压出发生后，采掘工作面与巷道内瓦斯涌出量增大。

⑤ 煤与瓦斯压出后，可能无孔洞或孔洞呈现口大腔小的楔形、半圆形孔洞。

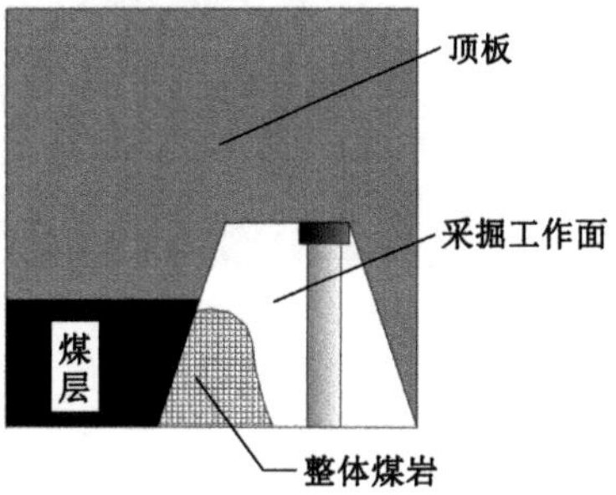

图 1-8　煤与瓦斯压出示意图

（3）煤与瓦斯倾出

煤与瓦斯倾出，是指采掘工作面在地应力的作用下，煤岩被破坏后，其自重力超过煤层的凝聚力和围岩的摩擦力，再加上瓦斯压力在一定程度上对煤岩的作用，从而使破碎而松散的煤岩向采掘巷道倾覆，并伴随大量瓦斯涌出的一种动力现象，如图 1-9 所示。其特征有：

① 煤与瓦斯倾出的煤岩没有分选现象，按自然安息角堆积。

② 煤与瓦斯倾出后的孔洞形状多有口大腔小的特点，孔洞轴线沿煤层倾斜或铅垂（厚煤层）方向发展。

③ 无明显动力效应。

④ 煤与瓦斯倾出常发生在煤质松软的急倾斜煤层中。

⑤ 采掘巷道内瓦斯涌出量会在短时间内明显增加，但一般不会出现瓦斯逆流现象。

1.1.3.2　煤与瓦斯突出假说

煤与瓦斯突出到目前尚未形成完整的公认的机理理论，目前最为流行的是综合作用假说，同时还有瓦斯主导学说、以应力作用为主的假说与化学本质学说等。

① 瓦斯主导学说。瓦斯的释放和渗流是引起煤与瓦斯突出的主要原因。根据这个学说，瓦斯的积聚和煤与瓦斯突出的关系更加密切，煤的应力变化主要是瓦斯释放的压力导致的。该学说细分为以下假说：“瓦斯包”说，突出波说、瓦斯膨胀说、瓦斯水化物说、瓦斯运移说等。

② 以应力为主的假说。地应力对煤与瓦斯突出起着主导作用。以应力为主的假说指出，地应力的变化会导致煤体的变形和断裂，从而促进瓦斯的释放和突出。该假说强调煤与瓦斯突出主要是高地应力作用的结果，并强调瓦斯的作用。在频繁的地质活动下，矿区的巷

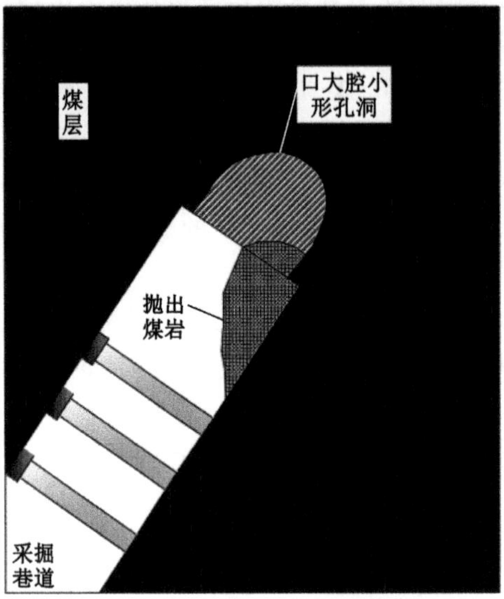

图 1-9 煤与瓦斯倾出示意图

道周边应力分布会随着时间发生变化，当矿区进行较大工作面掘进时，巷道周围受到影响，为达到新的平衡其所受应力会重新分布。在这一过程中，当所有的叠加应力大于煤岩承受范围时，便会造成煤与瓦斯突出灾害的发生。该学说包括以下假说：岩石变形潜能说、集中应力说。

③ 化学本质学说。煤与瓦斯突出是煤与瓦斯之间的物理和化学反应引起的。瓦斯的释放和煤体的变形导致煤中的化学反应加剧，从而释放出更多的气体。该学说认为在对煤层进行开采时，受到自然环境和开采条件的直接影响，在处于高温、高压的情况下，瓦斯会与周围的煤岩或与其他物质发生强烈的化学反应，从而形成一种易燃易爆的化合物，导致煤与瓦斯突出灾害的发生。这种学说包括以下假说：瓦斯碳水化合物说、地球化合物说、重煤说等。

④ 综合作用假说。煤与瓦斯突出是多种因素的综合作用结果，主要包括煤体性质、地应力变化、瓦斯含量和瓦斯渗流等因素。这种假说认为，当煤体应力变化较大、瓦斯渗流通道畅通时，煤与瓦斯突出的危险性会增加。综合作用假说是得到较多支持的一种假说，得到了多方面的认可，其认为煤层的弹性势能、地应力和瓦斯压力综合作用是煤与瓦斯突出的主要能量来源，煤岩的孔隙结构和力学性质是引发突出的根本因素。

1.1.4 防止煤与瓦斯突出的煤层增透技术

为了有效解决煤与瓦斯突出灾害对矿井安全生产的威胁，许多国内外专家学者利用不同的技术手段从一个大范围的区域或局部巷道着手，开展了消突技术的研究。根据所影响的煤层范围不同，消突技术可以分为区域消突技术与局部增透技术两个大类。

1.1.4.1 区域消突技术

(1) 开采保护层

开采保护层是指先开采与突出煤层相邻近却又无突出危险性的煤层(即保护层)，由于保护层采掘影响，被保护的突出煤层在孔隙结构、应力分布、瓦斯压力、瓦斯含量等方面发生变化，达到一个新的平衡，煤层的透气性显著提高，大量高压瓦斯得到释放，从而达到突出煤层消突的目的[10]。开采保护层是迄今为止最为有效的区域消突措施，可分为开采上保护层和开采下保护层。

(2) 钻孔区域卸压

钻孔区域卸压是指在大范围内用密集的钻孔打到突出煤层进行瓦斯预抽，从而降低煤与瓦斯突出危险性[11]。

① 顺层钻孔法

顺层钻孔法的钻孔布置在突出危险煤层内，煤孔钻进速度快，用于回采有突出危险而煤巷掘进无突出危险性的条件下。这种方法仅能预防回采突出，不能预防本煤巷掘进突出。

② 穿层钻孔法

穿层钻孔法的钻孔贯穿突出危险煤层，岩孔段钻进速度慢，用于煤巷掘进突出危险性严重的条件下。这种方法既能预防回采突出，又能预防煤巷掘进突出。

(3) 煤层注水法

采用煤层注水法时，在回采前预先在煤层中打若干钻孔，通过钻孔注入压力水，压力水渗入煤体内部，破坏煤体内原有的煤-瓦斯两相体系的平衡，形成煤-瓦斯-水三相体系，体系内各种介质相互作用，从而使煤的物理化学性质、力学性质及热力学性质发生变化。

1.1.4.2　局部增透技术

(1) 水力化措施

水力化措施一般有两种方式来卸压和增加煤层透气性：一是向钻孔内注入高压水，将钻孔压裂形成裂隙或使原生裂隙扩大、延伸；另一种是通过高压水的冲击力进行掏槽、割缝或冲孔，扩大钻孔出煤量，为煤层变形提供空间。

① 水力压裂

水力压裂增透利用水压使煤岩体膨胀、裂隙张开，随着压力水的不断注入，裂隙就会不断扩展和延伸，从而在微观上对煤岩体进行分割。这种分割会使空间体积增大，同时在孔隙裂隙间形成新的复杂的网络通道，最终使煤岩体压裂分解以提高透气性。

② 水力割缝

水力割缝增透以高压水泵增压产生的高压水为介质[12]，将高压水通过自动切换式切缝器的喷嘴喷出，形成一股能量高度集中的细束高压水流，对煤体进行切割和破碎。

③ 水力冲孔

水力冲孔增透借助水的冲刷作用而形成掏槽孔，从而使周边煤体卸压、膨胀变形，并向孔内产生一定位移；煤体膨胀会使其孔隙率增加、透气性系数增大，可以有效促进瓦斯在煤层的流动。

(2) 气相压裂增透

气相压裂增透技术[13]利用高压气体作用于煤体，改变煤体孔隙大小和形状，以达到提高煤体透气性和渗透率的目的。高压气体可以是空气、氮气或二氧化碳，可以驱替煤体中的瓦斯，降低煤体中的瓦斯含量。利用气相压裂增透技术还可以提高瓦斯抽采效率，缩短瓦斯抽采周期。

① 注空气

高压空气爆破会产生冲击波，爆孔周围煤体受到压缩作用发生粉碎性破坏，形成初始裂隙；然后在应力波的作用下，煤体发生拉伸和剪切破坏，产生径向和环向裂隙；应力波过后高压气体对煤体产生尖劈作用，使裂隙进一步扩展，在爆孔周围形成纵横交错的裂隙网络，煤体应力分布发生变化，应力降低区煤体透气性系数增加，释放大量瓦斯。

② 注氮气

利用高压氮气爆破对煤体进行致裂，使得煤体破碎，裂纹得以扩展，孔隙增加，从而提高煤体的透气性和渗透率[14]。在一定的温度和压力下将氮气注入增透孔，氮气能够压开煤体微小裂隙，从而使得煤体裂隙扩展，瓦斯脱离煤体速度加快，瓦斯抽采周期缩短。可以注入液氮，液氮对煤体具有冷冲击及相变气体循环损伤作用，从而使得煤体孔隙增加，透气性和渗透率提高。

③ 注二氧化碳

二氧化碳气相压裂增透技术利用高能气体瞬间作用于煤层，使煤层产生大量裂隙，从而提高煤层的透气性和渗透率，有利于瓦斯的运移。二氧化碳气相压裂增透技术能够使煤体松动，改变煤体应力状态，使应力集中区向深部转移，降低煤与瓦斯突出的危险性。

(3) 组合式强化技术

可利用水力割缝和注气组合增透技术改善增透效果，促进瓦斯的解吸流动。

穿层钻孔割缝组合强化增透技术利用高压射流破坏钻孔内煤体，从而改变钻孔煤体应力状态，有利于释放瓦斯；通过水力割缝释放煤层的有效应力，煤层的裂隙和裂缝数量得以增加，煤层内裂隙、裂缝和孔隙的连通面积增大，煤层的渗透性增强，从而有利于提高瓦斯抽采效果。

1.1.4.3 最新增透技术

(1) 超声波

利用超声波在煤岩体中的传递、衰减及子波与横波、纵波、表面波间相互作用促使煤岩体骨架及煤基质发生振动而产生裂纹，进而形成渗透性较好的裂纹网，使煤岩体内部原本互不相通的裂纹裂隙形成相互贯通的网络，使气体更好地在煤体中流动，从宏观上反映为煤岩体裂隙网络发育，煤层气储层的渗透性能大大提高，从而有利于煤层气的运移及抽采。

(2) 微波辐射

在微波辐射下，由于煤岩体内部不同矿物(黏土、石英、方解石等)对微波的吸收能力各不相同，形成明显的局部温差，从而产生热应力，引起煤岩内水分汽化而产生蒸气压。当页岩的热应力与蒸气压超过煤岩矿物或胶结物的强度极限时，将会导致煤岩微结构损伤，煤岩内部的微裂缝相互贯通而形成宏观裂纹，从而提高煤储层渗透性，有利于煤层气的运移及抽采。微波辐射还具有升温速度快、热惯性小、可选择性加热、穿透力强、过程易于控制等优点。微波辐射产生的微裂缝具非定向性，不会在应力作用下大量闭合。

(3) 电爆震

电爆震技术利用电爆震装置在煤层中施行强功率放电形成爆炸，在煤层中生成高压脉冲应力波；在冲击波的作用下，岩石及液体这些非连续介质各自的质点以重力加速度 3 000 多倍的加速度做激烈的振动；在高加速冲击条件下，材料的断裂强度和疲劳强度都远小于静态时的，当冲击力超过煤岩的疲劳强度时，就会造成新的微裂缝或宏观裂缝，从而提高煤储层渗透性。

1.2　二氧化碳致裂技术的来源

1.2.1　背景

二氧化碳致裂技术最初起源于20世纪60年代西方发达的工业国家，最初由英国的Cardox公司开发研制了二氧化碳致裂器，用于英国低渗透性高瓦斯煤层的开采，以达到减少开采煤尘与降低瓦斯爆炸风险的目的，随后在美国、德国、法国等国家煤矿开采中逐步得到运用，但是在20世纪70年代末，以英国为首的工业国家全面推行机械化采煤，从而使得二氧化碳致裂技术在煤矿的使用趋于停滞状态。尽管如此，由于这种物理爆破工艺本质安全的特征，此技术被广泛用于采矿厂定向切割岩石、水泥厂脱垢、增大矿石粒度、管道清堵与结块清除等。

1.2.2　国外应用

液态二氧化碳作为一种低温惰性压裂液，Bullen和Lillies首次提出将液态二氧化碳流体应用到煤层增透工程实践中，利用100%液态二氧化碳流体代替水力压裂煤储层，从而提高气体产量，有效减少水资源的消耗。

1995—2001年间，美国在圣胡安盆地Burling Allision首次进行了最大规模的二氧化碳注入煤层工程试验，约336 000 t液态二氧化碳被注入4口井内，较高的注入速率极大地提高了煤岩的渗透率。

2001年波兰启动RECOPOL项目，主要监测二氧化碳注入煤层后气体的移动轨迹。

2004—2007年间，日本在Hokkaid岛上的Yubari镇开展了单井和多井的强化煤层气抽采微型先导性试验。

Linck、Limburg等通过对液态二氧化碳注入煤储层在经济、技术层面等潜力进行评估，认为Achterhoek等4个产区具有较好的注入和产气能力。

Singh介绍了Cardox装置的结构与使用方法，并基于穿透式圆锥裂隙破岩技术及相关概念，研究通过拉伸应力而不是压缩应力减少岩石剧烈破坏的技术，指出Cardox装置适用于采石场大规模快速开挖，亦可用于大坝、水库的安全爆破。

Caldwell对比分析了几种非爆破破岩技术，指出Cardox系统是基于液态二氧化碳转化为高压气体破坏岩石的，岩石的裂隙和微裂缝的扩展是在拉张状态下发生的，而不是像炸药那样产生压缩破坏。这种张拉断裂机制使噪声、振动和飞石危害降低，使岩石在破碎过程中消耗的能量大大减少。

1.2.3　国内引进

液态二氧化碳致裂技术在欧美起源较早，并且在多个行业已经得以应用，而我国由于二氧化碳致裂设备的生产加工精度与强度达不到应用的要求，同时进口国外的设备成本过高，相应的人员操作培训缺乏，在相当长的一段时间内该技术无法在国内的矿井下进行现场试验。

我国在20世纪90年代中期开始引入二氧化碳致裂技术，原煤炭科学研究总院爆破技术研究所的郭志兴介绍了爆破技术原理并首次尝试地面爆破试验。中国矿业大学的邵鹏、徐颖等对从国外购置来的二氧化碳致裂设备结构和操作工艺进行了分析，并开展了试验研究。

目前,我国针对二氧化碳致裂技术研究主要有以下几个科研团队。河南理工大学的王兆丰、曹运兴课题组利用英国Cardox公司开发的矿用液态相变二氧化碳致裂成套设备在河南平顶山矿区、山西潞安矿区和阳泉矿区等低透高瓦斯矿井井下煤层开展爆破增透试验;中国煤炭科工集团的霍中刚研究团队改进了液态二氧化碳致裂设备,同时在井下复杂条件下进行了二氧化碳致裂增透煤层的试验;辽宁工程技术大学的周西华、洪林课题组开展了井下爆破增透试验,孙科明研究团队试验研究了超临界二氧化碳致裂气爆的裂纹扩展规律;重庆大学的卢义玉团队利用三轴渗流模拟研究二氧化碳致裂后瓦斯渗流的情况,尹光志团队开展了增透煤层与驱替瓦斯的机理研究;贵州大学的江泽标团队研究了在矿井下使用相变二氧化碳致裂煤层后,原煤与受二氧化碳致裂影响煤岩的孔隙结构与分形维数的变化。

我国各高校、科研院所对二氧化碳致裂的机理研究使得这项技术在瓦斯治理方面得到运用。中煤科工集团沈阳研究院有限公司的张兴华、雷云、张柏林研究团队研发了液态二氧化碳相变致裂全套设备,并在国内的阳泉矿区、彬长矿区、河津矿区等的高瓦斯低透矿井开展了井下爆破增透研究。除此之外,国内各瓦斯治理服务公司逐渐开展了液态二氧化碳相变致裂增透煤层的瓦斯治理业务,从而使二氧化碳致裂技术逐步得到更多的运用。

第 2 章　二氧化碳致裂原理

2.1　二氧化碳性质与应用

二氧化碳(carbon dioxide)，一种碳氧化合物，化学式为 CO_2，分子量为 44.009 5，常温常压下是一种无色无味或无色无臭、略溶于水的气体，但当温度与压力发生变化时它的性质也会发生变化，如图 2-1 所示，具有 4 种状态：固态、液态、气态和超临界状态；同时二氧化碳也是一种常见的温室气体，还是空气的组成成分之一(占空气总体积的 0.03%～0.04%)。二氧化碳物理性质如表 2-1 所示。

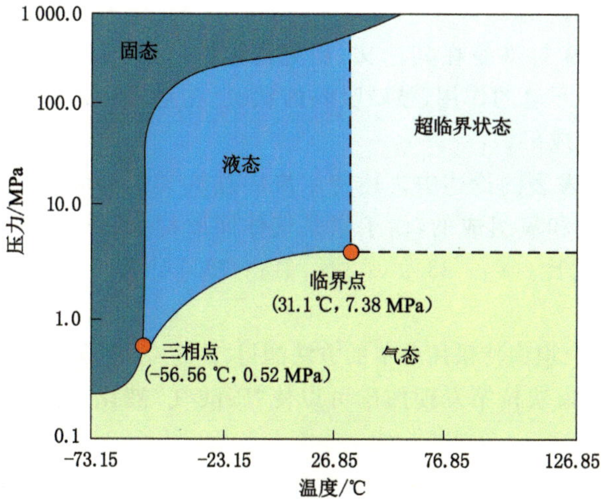

图 2-1　二氧化碳三相图

表 2-1　二氧化碳物理性质

性质	数值	性质	数值
分子式	CO_2	熔点/℃	−56.6
摩尔质量/(g·mol^{-1})	44.009 5	沸点/℃	−78.5
分子直径/nm	0.33	密度/(m^3·kg^{-1})	0.546(21 ℃,100 kPa)
水溶性/(g·L^{-1})	1.45(25 ℃,100 kPa)	汽化热/(kJ·kg^{-1})	347.2
绝热指数	1.295	溶解热/(kJ·kg^{-1})	195.8

原始社会时期，原始人在生活实践中就感知到了二氧化碳的存在，但由于历史条件的限制，他们对二氧化碳气体看不见也摸不着，所以将其看作一种杀生而不留痕迹的凶神妖怪而

非一种物质。

3世纪时，中国西晋时期的张华在所著的《博物志》一书中记载了一种在烧白石（$CaCO_3$）作白灰（CaO）过程中产生的气体，这种气体便是如今工业上用于生产二氧化碳的石灰窑气。

17世纪初，比利时医生海尔蒙特发现木炭燃烧之后除了产生灰烬外，还产生一些看不见、摸不着的物质，并通过试验证实了这种被他称为“森林之精”的是一种不助燃的气体；他还发现烛火在该气体中会自然熄灭，这是惰性性质的二氧化碳第一次被发现。不久后，德国化学家霍夫曼对被他称为“矿精”的气体进行研究，首次推断出二氧化碳水溶液具有弱酸性。

1756年，英国化学家布莱克第一个用定量方法研究了被他称为“固定空气”的气体，在此后一段时间内该气体都被称作“固定空气”。

1766年，英国科学家卡文迪许成功地用汞槽法收集到了“固定空气”，并用物理方法测定了其密度及溶解度，还证明了它和动物呼出的以及木炭燃烧后产生的气体相同。

1772年，法国科学家拉瓦锡等用大火镜聚光加热放在汞槽上玻罩中的钻石，发现它会燃烧，而其产物即“固定空气”。同年，科学家普里斯特利研究发酵气体时发现：压力有利于“固定空气”在水中的溶解，温度增高则不利于其溶解。这一发现使得二氧化碳能被应用于人工制造碳酸水（汽水）。

1774年，瑞典化学家贝格曼在其论文《研究固定空气》中叙述了他对“固定空气”的密度、在水中的溶解性、对石蕊的作用、被碱吸收的状况、在空气中的存在、水溶液对金属锌和铁的溶解作用等的研究成果。

1787年，拉瓦锡在发表的论述中讲述将木炭放进氧气中燃烧后产生的“固定空气”，肯定了“固定空气”是由碳和氧组成的，由于它是气体而改称为“碳酸气”。同时，拉瓦锡还测定了它含碳和氧的质量比（碳占23.450 3%，氧占76.549 7%），首次揭示了二氧化碳的组成。

1797年，英国化学家坦南特采用分析的方法测得“固定空气”含碳27.65%、含氧72.35%。

1823年，英国科学家法拉第发现加压可以使“碳酸气”液化。同年，法拉第和戴维首次液化了“碳酸气”。

1834年或1835年，德国人蒂罗里尔成功制得了干冰（固态）。

1840年，法国化学家杜马把经过精确称量的含纯粹碳的石墨放进充足的氧气中燃烧，并且用氢氧化钾溶液吸收生成的“固定空气”，计算出“固定空气”中氧和碳的质量分数比为72.734∶27.266。此前，阿伏伽德罗于1811年提出了假说——“在同一温度和压强下，相同体积的任何气体都含有相同数目的分子。”化学家们结合氧和碳的原子量得出“固定空气”中氧和碳的原子个数简单的整数比是2∶1，又以阿伏伽德罗于1811年提出的假说为依据，通过试验测出“固定空气”的分子量为44，从而得出“固定空气”的化学式为CO_2，与此化学式相应的名称便是二氧化碳。

1850年，爱尔兰物理化学家安德鲁斯开始对二氧化碳的超临界现象进行研究，并于1869年测定了二氧化碳的两个超临界参数：超临界压力为7.2 MPa，超临界温度为304.065 K（两者在2013年的公认值分别为7.375 MPa和303.05 K）。

1896年，瑞典化学家阿伦尼乌斯通过计算指出，大气中二氧化碳浓度增加一倍，可使地表温度上升5～6 ℃。

1950—1952 年间，苏联的柳巴夫斯基、诺沃日洛夫与日本的关口春次郎分别研究了一种在二氧化碳保护气体中使用的焊丝，并提出了焊接钢材的新的冶金方案。随后，1953 年柳巴夫斯基等发明了二氧化碳气体保护焊。

二氧化碳主要用途：

① 高纯二氧化碳主要用于电子工业，医学研究及临床诊断、激光器、检测仪器的校正气及配制其他特种混合气，在聚乙烯聚合反应中则用作调节剂。

② 固态二氧化碳广泛用于冷藏奶制品、肉类、冷冻食品和其他转运中易腐败的食品，在许多工业加工中作为冷冻剂，如热敏材料粉碎、橡胶磨光、金属冷处理、机械零件的收缩装配、真空冷阱等。

③ 气态二氧化碳用于碳化软饮料、水处理工艺的 pH 控制、化学加工、食品保存、化学和食品加工过程的惰性保护、气体焊接、植物生长刺激剂，在铸造中用于硬化模和芯子及气动器件，还应用于杀菌气的稀释剂(即用氧化乙烯和二氧化碳的混合气作为杀菌剂、杀虫剂、熏蒸剂，广泛应用于医疗器具、包装材料、衣类、毛皮、被褥等的杀菌、消毒以及仓库、工厂、文物、书籍的熏蒸)。

④ 液态二氧化碳用作制冷剂，用于飞机、导弹和电子部件的低温试验，也可用于提高油井采收率，还可用于橡胶磨光以及控制化学反应，也可用作灭火剂。

2.2　二氧化碳致裂机理

二氧化碳致裂利用液态受到激发转化为气态引起的相变，从而产生冲击气压，其原理是二氧化碳在温度低于 31 ℃并且压力高于 7.35 MPa 时处于液态，进行瞬间加热，在温度高于31 ℃ 时会在 100～300 ms 内转化为气态，且随温度的升高压力也会逐步升高，当压力达到临界值时会冲破二氧化碳致裂器的定压卸能片而产生物理爆炸[15]。

下面从物理爆破的意义、各种理论对二氧化碳致裂的描述以及二氧化碳致裂的半径研究与当量研究等多方面综合阐述二氧化碳致裂的机理。

2.2.1　物理爆破的意义

二氧化碳相变致裂的整个过程是一种物理爆破过程，其相对其他煤层增透手段，诸如炸药爆破、水力化增透措施具有明显的好处，下面阐述二氧化碳致裂技术与常用增透技术的对比情况。

2.2.1.1　与炸药爆破增透对比

现阶段矿井井下定向爆破主要采用化学爆破的炸药，由于矿井井下生产环境的特殊性与复杂性，在使用炸药爆破后会伴随一些危险因素的产生，如炸药爆炸后会产生明火，而在井下生产过程中，其风流中常常伴有瓦斯气体，可能会引燃它们。同时，由于炸药爆炸是化学反应，会产生对人体有毒有害的气体，而井下狭小的空间不利于这些气体快速散去，转而被人体吸入，造成伤害。最重要的是爆炸产生的振荡对岩石产生拉伸作用，会破坏顶板围岩，从而增加支护难度。不仅如此，炸药爆破还存在装药工艺、操作复杂以及哑炮处理等问题。相较炸药爆破，属于物理爆破的二氧化碳致裂技术可以称得上绿色环保。由于二氧化碳致裂是将液态介质转化为气态，是由相变产生冲击气压破坏煤层，这一过程无明火，且不产生有毒有害气体，同时冲击波对煤岩产生的是压缩作用，破坏顶板围岩程度较小。二氧化碳致裂技术可以满足高瓦斯和煤与瓦斯突出矿井爆破的安全生产需求。近年来,随着国家越来越重视煤矿的安全生产,煤矿安全生产标准与矿井员工的安全意识不断提高,再加上不断对二氧化碳致裂设备的科技创新与优化,二氧化碳致裂技术凭借其安全性高、威力可控、操作简便、绿色环保等优势逐步在矿井爆破中得以应用。

2.2.1.2　与水力化增透措施对比

水力化增透措施包括水力压裂、水力割缝以及水力冲孔等。水力化措施需要运用大量的水资源,同时需要对水资源进行一定的加压,这一过程会消耗大量的能量。水力化措施增透煤层的过程中存在一定的诱发煤与瓦斯突出的概率,同时大量的水进入煤层会造成水资源的浪费以及环境污染。而且水力化措施存在操作困难、巷道积水难排等困扰,会进一步加剧井下工作环境的恶劣程度,从而对生产工作造成一定的阻碍。相较水力化措施,二氧化碳致裂无须浪费大量的水资源,只有使用囊袋封孔时才会用到水;相较水力化措施向煤层中注入水,二氧化碳致裂释放的气体可以更好地进入煤岩孔隙内部驱替瓦斯;同时二氧化碳致裂所带来的孔隙发育相较水力压裂更为复杂,可以大大增透煤层,提高瓦斯抽采效率。

2.2.1.3　起爆压力变化对比

炸药爆炸压裂、高能气体压裂与水力压裂的起爆压力变化图,如图 2-2 所示。从图上看,炸药爆炸产生的压力最高,其次是二氧化碳致裂这种高能气体压裂,最低的是水力压裂;从持续时间上看,炸药爆炸压裂持续时间最短,高能气体与水力压裂持续时间较长。综合来看,二氧化碳致裂技术可以有效结合炸药爆炸压裂与水力压裂的特点,在起爆压力与持续时间两方面具备明显优势。

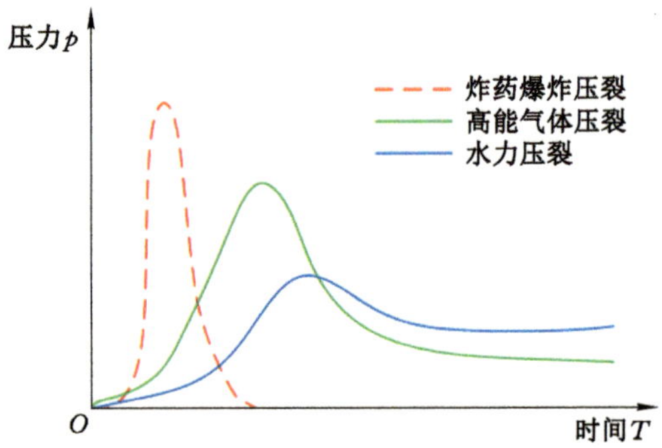

图 2-2　起爆压力对比图

2.2.2　二氧化碳致裂当量研究

自液态二氧化碳致裂技术应用到煤层增透中,不断有学者尝试将二氧化碳相变致裂产生的能量用炸药当量来表示,其目的在于量化二氧化碳致裂技术的威力。液态二氧化碳致裂产生的振动波是该技术的基本特征,振动特征和图形波可以用来表示一定质量液态二氧化碳相变致裂的能量及振动峰值,从而验证当量计算结果以及更好地指导该技术的实际应用。

基于二氧化碳致裂可以看作一种物理爆破,以下先介绍爆破与炸药的一些基本概念。

2.2.2.1　爆破当量的概念

当量是指与特定或俗成的数值相当的量;化学专业用语,用作物质相互作用时的质量比值的称谓[16]。术语中常用到的有化学当量、热工当量、TNT 当量等。

TNT 当量又称“黄色炸药爆炸当量”，用来衡量某物质的爆炸所造成的威力，相当于多少质量单位的 TNT 炸药爆炸所产生的威力。由于单位质量 TNT 炸药所产生的爆炸能量较为稳定，所以通常用 TNT 当量作为爆炸威力的参考系。质量单位通常用千克(kg)表示。

如果某种物质爆炸当量为 10 000 t，也就是说该物质爆炸所产生的威力与 10 000 t TNT 爆炸产生的威力相同。目前，一定 TNT 所产生的能量并没有定论，维基百科给出 1 g TNT 爆炸产生的能量为 4 184 J，也就是说 1 kg TNT 爆炸产生的能量为 4 184 kJ，并且爆炸产生的能量与 TNT 的质量呈线性关系。国际上普遍认为 1 kg TNT 爆炸产生的能量为 4 600 kJ，国内学者认为 1 kg TNT 爆炸产生的能量为 4 250 kJ。

将二氧化碳致裂的能量转化为 TNT 爆炸的当量具有非常现实的意义。首先可量化液态二氧化碳致裂增透煤层的能力，作为井下炸药爆破的替代性技术，二氧化碳致裂技术的影响范围是可控的，其可控的原理就是将二氧化碳致裂产生的能量换算成 TNT 当量，再运用爆破知识计算致裂波及范围，根据工程实际需求控制液态二氧化碳的充装量即可。其次通过对液态二氧化碳相变致裂的当量计算，有助于进一步研究液态二氧化碳相变致裂增透煤层机理。由于液态二氧化碳相变致裂增透煤层已在许多矿井生产中得到实践应用，这种技术可以有效地增透煤层，增大煤层透气性，提高瓦斯抽采率。通过将二氧化碳致裂能量换算为 TNT 当量，可以从爆破学的角度入手分析二氧化碳致裂技术的原理。最后可以为煤层二氧化碳致裂增透的钻孔布置提供依据。二氧化碳致裂技术是一种物理爆破手段，爆破孔的参数设计对最终煤层增透的效果起到至关重要的影响。众所周知，爆破孔间距、单个爆破孔的装药量都能影响爆破的效果，并且钻孔如何布置以及液态二氧化碳的充装量也影响煤层增透效果。确定液态二氧化碳致裂当量的计算方法，量化二氧化碳致裂产生的威力，有助于该技术在井下实际需求中的应用。

目前，并没有专门用来计算液态二氧化碳相变致裂当量的计算公式，有研究者提出应用液化气体和高温饱和水容器爆炸能量计算方法、液态储罐爆炸能量计算方法(高压气体与饱和水蒸气容器爆破)以及高压容器爆破能量计算方法等三种常用的物理爆炸能量计算方法。下面分析每种方法所适用模型与液态二氧化碳相变致裂的相同及不同之处，并分别应用以上三种方法对 1 kg 液态二氧化碳相变致裂当量进行计算。

(1) 液化气体和高温饱和水容器爆炸模型当量计算

① 理论及公式

液化气体和高温饱和水一般在容器内以气、液两态共存，当容器破裂发生爆炸时除了气体的急剧膨胀做功外，还有过热液体激烈的蒸发过程。在大多数情况下，这类容器内的饱和液体占据容器内介质质量的绝大部分，一般计算时考虑气体膨胀做的功。过热状态下液体在容器破裂时释放出的爆裂能量可按式(2-1)计算：

$$E = [(H_1 - H_2) - (S_1 - S_2)T]W \tag{2-1}$$

式中　E——过热状态液体的爆破能量，kJ；

H_1——爆炸前饱和液体的焓，kJ/kg；

H_2——在大气压下饱和液体的焓，kJ/kg；

S_1——爆炸前饱和液体的熵，kJ/(kg·K)；

S_2——在大气压下饱和液体的熵，kJ/(kg·K)；

T——介质在大气压下的沸点，K；

W——饱和液体的质量，kg。

② 该方法适用模型与相变二氧化碳致裂相似之处

液化气体和高温饱和水容器爆破相较液态二氧化碳相变致裂相同之处为容器内物质的存在状态。液化气体和高温饱和水一般在容器内以气、液两态共存，但以液态为主。液态二氧化碳相变致裂储液管中的介质同样是以液态为主的气、液两态共存。

③ 该方法适用模型与二氧化碳相变致裂不同之处

液化气体和高温饱和水容器爆破相较液态二氧化碳相变致裂不同之处为容器内物质的性质。液化气体和高温饱和水爆破计算方法主要适用于过热液体，当容器发生爆炸时，除了气体的急剧膨胀做功外，还有过热液体激烈的蒸发过程。而液态二氧化碳相变致裂储液管中的介质是通过一定的压缩装置提供较高压力，将气态介质转变为液态，属于高压液化气体，并非热力气体。

④ 计算参数分析与选择

液化气体和高温饱和水容器爆炸能量计算公式所用到的参数主要是爆炸前容器内饱和液体的焓、熵和爆炸后正常大气压下饱和液体的焓、熵。

焓为热力学中表征物质系统能量的一个重要状态参数，常用符号 H 表示。焓具有能量的量纲，一定质量的物质按定压可逆过程由一种状态转变为另一种状态，焓的增量等于在此过程中吸入的热量。

熵是根据热力学第二定律引出的一个反映自发过程不可逆的物质状态参数，通常用符号 S 表示。

不同的物质有不同的焓与熵，可查阅资料获取。

⑤ 计算举例

由液体的性质，可得到如下参数：H_1 为 346.451 kJ/kg，H_2 为 20.68 kJ/kg，S_1 为 −1.89 kJ/(kg·K)，S_2 为 −0.079 1 kJ/(kg·K)，T 为大气压下的沸点 216.55 K，W 为液体质量，取 1 kg。

将上述数据代入式(2-1)计算可得：

$$E=[(-346.45+20.68)-(-1.89+0.0791)\times216.55]\times1=66.38\ (\mathrm{kJ})$$

$$W_{\mathrm{TNT}}=66.38/4\,250\approx0.0156\ (\mathrm{kg})=15.6\ (\mathrm{g})$$

由以上计算可知，1 kg 液态二氧化碳相变致裂时，其爆炸的当量相当于 15.6 g 的 TNT 炸药。

(2) 液态储罐爆炸模型当量计算

① 理论及公式

液态储罐爆炸事故时有发生，其原因主要是液态存储条件改变，导致物态改变，由液态转为气态，此时在容积固定的罐体内，气态体积不断膨胀，罐内压力增大，致使储罐破裂并向四周产生冲击作用。

从性质上说液态储罐爆炸属于物理爆炸的范畴，且液态储罐的爆炸同液态二氧化碳相变致裂的触发条件和发生过程非常相似。虽然说其触发原因可能不同，但就介质的物态改变而言基本一致，因此液态储罐爆炸的当量计算方法为二氧化碳致裂技术当量计算提供了一种新思路，可以尝试借鉴液态储罐爆破时的当量计算方法来计算液态二氧化碳相变致裂的当量。

在已有的对液态储罐爆炸的研究文献中，液态储罐爆炸的当量计算采用的是高压气体与饱和水蒸气容器爆破模型的能量计算方法。计算公式如下：

$$E_g = \frac{p_1 V}{k-1}\left[1 - \left(\frac{p_2}{p_1}\right)^{\frac{k-1}{k}}\right] \tag{2-2}$$

$$W_{TNT} = \frac{E_g}{Q_{TNT}} \tag{2-3}$$

式中　E_g——气体的爆破能量，kJ；

p_1——容器内气体的绝对压力，MPa；

p_2——大气压，取 $1.013\ 25 \times 10^5$ Pa；

V——介质的体积，m^3；

k——气体的绝热指数，即气体的定压比热与定容比热之比；

Q_{TNT}——1 kg TNT 爆炸能量，取 4 250 kJ/kg。

② 该方法适用模型与液态二氧化碳相变致裂技术的相同之处

首先，充装方法及物质的性质相同。液态储罐充装是通过特制的液态充装站实现的，液态充装站核心的设备是液态泵。液态泵可以提供较高的压力，将气态介质转换为液态，然后储存在罐中，因此储罐中液态介质为高压液化气体。液态二氧化碳相变致裂设备主要由三个系统组成，分别是充装系统、二氧化碳致裂系统、启动和检验系统。其中充装系统中核心设备是加压泵，通过加压泵将气态介质转化为液态储存在储液管中。由上述分析可知，液态储罐和液态二氧化碳相变致裂两者在介质充装、物态转换及容器中介质的性质方面几乎相同，都是利用加压泵将气态介质转化为液态。

其次，介质在容器内存在的状态相同。液态储罐中的介质主要以液态存在，但考虑一般储罐都存在盛装系数，所以液态储罐中可能存在极少量的气态介质。液态相变二氧化碳致裂的储液管中的介质受温度等因素的影响，以液态为主，气、液两态共存。

最后，爆炸触发的条件相同。液态储罐爆炸主要原因是储罐中介质受热，罐内压强增大超过储罐罐体的承受能力。液态二氧化碳相变致裂启动时，将加热管的导线接通电源，由加热管对储罐中的二氧化碳进行加热，使液态的二氧化碳汽化进而压力增大，最终超过定压卸能片的强度并使其破坏。由此可知，液态储罐的爆炸和液态二氧化碳相变致裂的触发条件基本相同。

③ 该方法适用模型与液态二氧化碳相变致裂技术的不同之处

液态储罐所处环境一般比较宽敞，处于正常的空气条件下。液态二氧化碳相变致裂储液管被放置在体积空间有限的钻孔中，并处在煤矿井下比较苛刻的空气环境下。此外，液态储罐体积相比液态二氧化碳致裂储液管体积大很多，甚至相差达几百倍。

④ 计算参数分析与选择

液态储罐爆炸能量计算方法需要用到的参数有爆炸时容器内的绝对压力、大气压、介质的绝热指数及体积。大气压等参数是自然存在的，无论计算方法相同与否都不会改变，在此不做过多分析。

液态二氧化碳相变致裂启动时储液管中的压力相比液态储罐爆炸时容器内的绝对压力大得多，计算液态二氧化碳相变致裂当量不能简单套用液态储罐的爆炸绝对压力，应根据液态二氧化碳相变致裂装备的技术原理确定适用的绝对压力值，此处计算时取绝对压力为 276 MPa。

理想气体可逆绝热过程由绝热指数 k 表示，若流体工质在状态变化的某一过程中不与外界发生热交换，则该过程就称为绝热过程。用节流孔板测量气体流量时，流体流过节流孔板时发生的状态变化可以近似认为是绝热过程。为了在测量中能求出气体的膨胀系数，就需要知道表征被测气体绝热过程的绝热指数。若该气体可认为是理想气体，则其绝热指数 k 就是定压热容与定容热容之比，即

$$k = \frac{c_{\mathrm{p}}}{c_{\mathrm{v}}} \tag{2-4}$$

对于实际气体来说，绝热指数与气体的种类、所受压力、温度有关。常见气体的绝热指数见表 2-2。

表 2-2 常见气体绝热指数

气体名称	空气	氮气	氢气	氧气	二氧化碳
绝热指数 k	1.4	1.4	1.412	1.397	1.295

根据式(2-2)计算液态二氧化碳相变致裂的当量，必须确定液态二氧化碳介质的体积、密度随温度的变化规律，不同温度下液态二氧化碳的密度见表 2-3。由充装气瓶的相关知识可知，液态二氧化碳的临界温度为 31 ℃。液态二氧化碳相变致裂技术利用液态二氧化碳汽化原理，对液态二氧化碳相变致裂当量的计算就选定在临界温度条件下。在此基础上计算可得 1 kg 液态二氧化碳的体积是 2.16 L。

表 2-3 不同温度下液态二氧化碳的密度

温度/℃	0	10	20	30	31
密度/(kg·m^{-3})	924.8	858.0	770.7	596.4	463.9

⑤ 计算

p_1 取 276 MPa；p_2 为大气压，取 $1.013\,25\times10^5$ Pa；V 为液态二氧化碳的体积，取 2.16 L；k 为气体的绝热指数，取 1.295。

将上述参数的取值代入式(2-2)和式(2-3)，计算过程如下：

$$E_{\mathrm{g}} = \frac{276\times 2.16}{1.295-1}\left[1-\left(\frac{0.101\,325}{276}\right)^{\frac{1.295-1}{1.295}}\right] = 1\,687.435\ (\mathrm{kJ})$$

$$W_{\mathrm{TNT}} = \frac{1\,687.435}{4\,250} \approx 0.397\ (\mathrm{kg})$$

由以上计算可知，1 kg 液态二氧化碳相变致裂时，其爆炸当量相当于 0.397 kg 的 TNT 炸药。

(3) 高压容器爆破模型当量计算

① 理论及公式

压力容器是近代工业中常见的重要设备。如核动力中反应堆压力壳，化工设备中的各种反应器与各种锅炉等。压力容器从广义上讲应包括所有承压的密闭容器。但在工业生产

中，一般只把比较容易发生事故，且事故危害性较大的这类容器称为压力容器。它需要由专门机构进行监督，按规定的技术管理规范进行制造和使用。一般来说，压力容器发生爆炸事故，其危害程度与工作介质状态、工作压力及容器的容积有关。压力容器在高温高压气体作用下造成壳体破裂后急速膨胀，并以极高速度释放内在能量（即爆炸能量），其中一部分能量使容器分裂物以高速向四周飞散造成人员伤亡和周围建筑与设备破坏，而更大一部分能量以冲击波形式造成大面积强烈振动，摧毁周围建筑物。

工业中常见高压容器爆炸的原因是容器内介质的压力增大，超出了容器的最大可承受的压力，从而发生爆炸。高压容器爆炸能量计算方法推导如下。

设高压容器内气体在破裂前状态参数为（p_0，V_0）。p_0 为容器内气体的压力，Pa；V_0 为爆破时刻的容器的容积，m^3。$p_0 = p_1 + p_a$，其中 p_1 为容器内气体的绝热压力，p_a 为大气压。在绝热过程中达到最终状态（p_a，V_a）。其中，V_a 表示达到大气压时气体的体积。设气体的任意时刻压力为 p，体积为 V，A_k 为介质的爆破能量。由绝热方程 $p_0V_0^k = p_aV_a^k = pV^k$，得 $p = p_0V_0^k/V^k$，则有：

$$A_k = \int_0^a dA = \int_{V_0}^{V_a} p dV = p_0V_0^k \int_{V_0}^{V_a} \frac{1}{V^k} dV = \frac{p_0V_0^k}{k-1}\left(\frac{1}{V_a^{k-1} - V_0^{k-1}}\right) \tag{2-5}$$

又因为 $\dfrac{V_0}{V_a} = \left(\dfrac{p_a}{p_0}\right)^{\frac{1}{k}}$，所以可得：

$$A_k = \frac{p_0V_0}{k-1}\left[1-\left(\frac{V_0}{V_a}\right)^{k-1}\right] = \frac{p_0V_0}{k-1}\left[1-\left(\frac{p_a}{p_0}\right)^{\frac{k-1}{k}}\right] \tag{2-6}$$

$$A_k = C_kV \tag{2-7}$$

$$C_k = \frac{p_1}{k-1}\left[1-\left(\frac{p_2}{p_1}\right)^{\frac{k-1}{k}}\right] \tag{2-8}$$

$$W_{TNT} = \frac{A_k}{Q_{TNT}} \tag{2-9}$$

式(2-7)至式(2-9)中，A_k为介质的爆破能量，kJ；C_k为介质的爆破系数；p_1 为容器内气体的绝热压力，MPa；p_2 为大气压，MPa；V 为介质的体积，m^3；k 为气体的绝热指数；Q_{TNT} 为 1 kg TNT 爆炸能量，取 4 250 kJ/kg。

② 该方法适用模型与液态二氧化碳相变致裂技术的相同之处

高压容器爆炸的原理与液态二氧化碳相变致裂的原理是相同的。两者都是因为容器内的高压气体压力升高，最终超过了容器材料的受限范围，容器器壁破坏，产生向四周扩散的冲击波，破坏周围物体。

③ 该方法适用模型与液态二氧化碳相变致裂技术的不同之处

高压容器爆炸时容器的破坏是无序的、任意的，产生的冲击波也是没有方向性的。相反，液态二氧化碳相变致裂器有卸压通道，其高压气体的喷出方向是可控的。

④ 计算参数选择

从计算方法的推导过程来看，涉及的参数多且复杂。但从最终推导出的计算公式来看，所涉及的参数同液态储罐爆炸能量计算方法一致，所以该方法的参数取值可参考第二种方法的参数取值。

(4) 计算方法总结

对以上三种计算方法以及每种方法的参数作出了介绍并分析，在此基础上按照 1 kg 液态二氧化碳相变致裂计算出了 TNT 当量。不同计算方法结果差异较大，原因是第一种计算方法适用对象为过热液体，完全将介质视为过热液体进行计算，而后两种方法适用对象为高压液化气体，计算时将介质视为高压液化气体。显然第一种计算方法和后两种计算方法出发点有着本质区别。

2.2.2.2 爆容的概念

爆容是炸药的基本属性，爆容直接决定炸药的爆炸能力。液态二氧化碳相变致裂技术产生的高压气体体积是该技术的基本特点，相当于炸药的爆容，高压气体的体积直接决定二氧化碳致裂技术对煤层的增透能力。

2.2.3 二氧化碳致裂半径研究

在炸药爆破中，评价炸药爆破的效果主要考虑的是炸药爆破波及的范围。与评价炸药爆破一样，评价液态二氧化碳致裂的效果主要考虑二氧化碳致裂冲击波的作用半径。相比炸药爆破，液态二氧化碳致裂更为复杂，液态二氧化碳相变致裂半径受到液态二氧化碳充装量、卸能片、煤岩自身强度等多种因素影响，下面将一一介绍。

2.2.3.1 二氧化碳致裂半径形成原理

二氧化碳致裂爆破过程中，应力波作用于煤岩体与气体产生静压力作用于煤岩体两者相辅相成，爆破作用过程比较复杂[17]。当储液罐内定压卸能片的破断压力小于气体压力时，定压卸能片失去承载能力而被气体冲破。同时在爆破瞬间所产生的冲击波对煤岩体做功，由于冲击波的能量巨大，所产生的冲击压力会使在二氧化碳致裂孔周围的煤岩体产生径向压缩应力和环向拉伸应力。冲击荷载所产生的应力远远大于煤岩体的抗压强度，因此二氧化碳致裂孔周围的煤岩体产生强烈的压缩变形，并被强烈粉碎，从而形成的区域称为粉碎区，也叫爆破压碎圈。在爆破压碎圈内，煤体的破碎程度较大，但影响半径较小。

冲击波具有能量大、衰减快的特点，冲击波在作用于粉碎区的煤岩体之后迅速衰减，接着便会以应力波的形式继续对受爆介质做功。此时应力波所产生应力的强度没有冲击波产生的应力的强度大，不足以像冲击波一样将煤岩体压碎，但是应力波所产生的应力高于煤岩体的抗拉强度，所以煤岩体在应力波的作用下会在切向方向上产生宏观的拉伸变形，煤岩体随着变形量的不断增大而逐渐被拉断，其内部产生拉伸破坏的径向裂隙，这些裂隙与爆破初期所产生的粉碎区裂纹贯通，如图 2-3 所示。应力波按照一定的扩展速度向前延伸，当应力波衰减到不足以使煤体产生切向的拉伸变形时，裂隙扩展便停止。

二氧化碳致裂器钻孔孔壁附近的煤岩体由于先后受到冲击波的压缩破坏和应力波的拉伸破坏，内部产生了明显的粉碎性的宏观裂纹，同时煤岩体中的原生裂隙也得到延伸、发展。在爆破的瞬间，液态二氧化碳吸收大量的热能后变成气态，体积迅速增大 600 多倍，大量的气体顺着裂隙网络迅速楔入煤岩体的内部，在钻孔周围的煤岩体内部形成一个准静态应力场；在应力场的作用下，裂纹尖端产生强烈的应力集中，从而促使前一个阶段所产生的径向裂纹和煤岩体内部的原始裂纹在静压力的作用下进一步扩展；当气体压力在裂纹尖端处所产生的集中应力小于煤岩体抗拉强度时，裂纹停止扩展。

由于煤岩体受到爆破瞬间产生的冲击波、应力波及后续气体准静态应力作用，受爆介质在冲击波产生强烈压缩、应力波产生拉伸变形和气体使裂纹尖端变形的同时其内部储存了一定的变形弹性势能。当应力波作用阶段和静压力作用阶段结束后，储存在煤岩体内部的

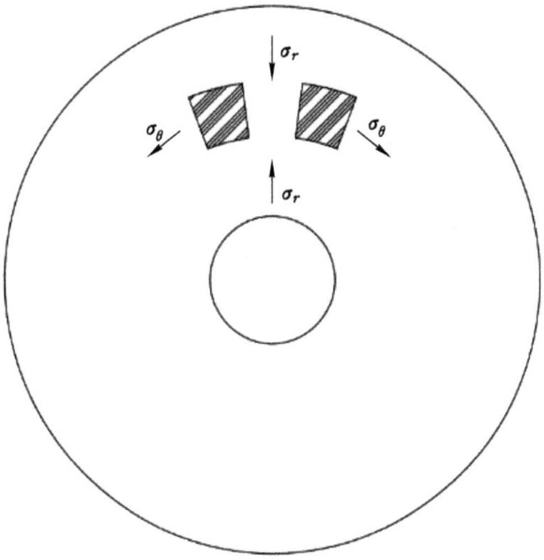

图 2-3　煤岩体质点受压产生径向裂隙示意图

弹性势能会对煤岩体产生与径向压应力相反的向心拉应力；如果煤岩体的动抗拉强度不足以抵抗向心拉应力的强度，煤岩体就会在向心拉应力的作用下被拉断而产生环向裂隙，如图 2-4 所示。同时，在多种应力共同作用的情况下，煤岩体内部也会有产生剪切裂隙的可能，这种多类型裂隙同时存在且比较密集的区域称为裂隙区(圈)，裂隙区范围比粉碎区范围大。

图 2-4　煤岩体质点受拉产生环向裂隙示意图

在岩土爆破理论基础上，液态二氧化碳相变致裂煤岩作用过程可以分为三个阶段[18]：

① 当 CO_2 相变汽化产生的冲击波冲击孔壁时，由于钻孔周围煤岩体抗压强度和其所受地应力远低于冲击波压力，孔壁煤岩在二氧化碳高压气体冲击波作用下压缩粉碎形成压缩粉碎区，如图 2-5 所示。由于粉碎区主要受冲击波的作用，地应力对粉碎区的形成影响不大，因此最终形成的粉碎区呈圆形。

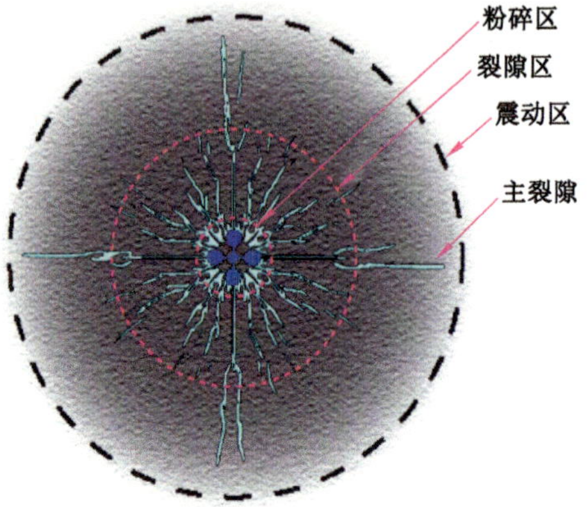

图 2-5　液态二氧化碳相变致裂区域划分示意图

② 随着冲击波在粉碎区的能量消耗，冲击波逐渐减弱并转化为应力波，煤岩所受的应力大幅降低，此时煤岩不再发生压缩破裂。但煤岩具有抗压不抗拉的特性(其抗拉强度一般仅有抗压强度的 1/10 左右)，煤岩径向受压、切向受拉时，发生切向的拉伸破裂，产生拉伸裂隙。当应力波在煤岩中传播时，随着传播距离的增加，其强度会逐渐衰减。当其强度低于煤岩的抗拉强度时，则无法引起煤岩的拉伸破裂。

③ 随着高压 CO_2气体进入原生裂隙和冲击形成新裂隙，并挤压周边裂隙，周边裂隙缓慢扩展，优先开裂的裂隙迅速成为主裂隙。与此同时，由于气楔作用，裂隙尖端的应力集中导致裂隙继续扩展，并在主裂隙上形成大量裂隙网络，这些裂隙相互连接贯通，形成裂隙区，如图 2-5 所示。随着应力波的传播和 CO_2气体的膨胀和消散，应力波强度和压力都会逐渐衰减，当压力逐渐下降至裂纹扩展所需最小压力时，裂纹扩展停止。裂隙区外因应力波的传播而产生震动，将此区域称为震动区。

煤岩体属多孔结构，瓦斯气体藏在孔隙内部，爆破后在冲击波、应力波和裂纹扩展的驱动力三重作用下，原本瓦斯吸附与解吸的动态平衡被打破，原本相对平衡的环境受到破坏，瓦斯就会顺着裂隙解吸与释放。一方面瓦斯气体与 CO_2 气体共同作用于裂隙尖端，有助于延伸扩展裂隙；另一方面 CO_2 气体与瓦斯气体存在竞相吸附，同样会促进瓦斯气体的解吸与释放。

2.2.3.2　二氧化碳致裂半径计算

根据上一节对二氧化碳致裂半径形成原理的分析，现以应力推导半径范围。应力峰值在均质煤岩中衰减规律为[19]：

$$\sigma_r = \sigma_0 (r/r_0)^{-\alpha} \tag{2-10}$$

式中　σ_r——r 处应力波峰值，MPa；

α——常规应力波衰减系数；

σ_0——孔壁压力，MPa；

r_0——装药半径，m。

研究应力波在已损伤煤岩中的衰减情况，应考虑煤岩的损伤程度。煤岩损伤后的孔隙率对相变致裂应力波峰值的衰减影响可用煤岩损伤因子来衡量。考虑损伤的应力波衰减系数 α_D可以表示为：

$$\alpha_D = \frac{\alpha}{1-D} \tag{2-11}$$

式中　D——损伤因子；

α——常规应力波衰减系数。

煤岩的破坏损伤程度越高，损伤因子 D 值就越大。通常煤岩致裂后钻孔附近的破碎区是煤岩体所受压力大于自身抗压强度所致；而裂隙区则是煤岩体受外界拉力大于其抗拉强度所导致的。考虑煤岩损伤因子，其破坏准则为：

$$\begin{cases} -(\sigma_\theta^*)_{max} > \sigma_{td} = -(\sigma_\theta)_{max}/(1-D_{lim}) \\ (\sigma_r^*)_{max} > \sigma_{cd} = -(\sigma_r)_{max}/(1-D_{lim}) \end{cases} \tag{2-12}$$

式中　$(\sigma_\theta^*)_{max}$——径向最大有效应力，MPa；

$(\sigma_r^*)_{max}$——环向最大有效应力，MPa；

$(\sigma_\theta)_{max}$——径向最大名义动应力，MPa；

$(\sigma_r)_{max}$——环向最大名义动应力，MPa；

σ_{cd}——煤岩单轴动抗压强度，MPa；

σ_{td}——煤岩单轴动抗拉强度，MPa；

D_{lim}——临界损伤变量，一般由室内中高应变率动态加载试验结果确定。

本书中测定 $D_{lim} \in [0.8,1.0]$ 时为煤岩粉碎区；$D_{lim} \in [0.2,0.8]$ 时为煤岩裂隙区；$D_{lim} \in [0,0.2]$ 时为煤岩震荡区。考虑损伤因子 D 的粉碎区半径 R_1 为：

$$R_1 = \left(\frac{\rho_0 v_D^2 A_1 B_1}{4\sqrt{2}\sigma_{cd}}\right)^{\frac{1-D}{\alpha}} \cdot r_b \tag{2-13}$$

$$A_1 = \frac{2\rho C_p}{\rho C_p + \rho_0 v_D} \tag{2-14}$$

$$B_1 = [2(1+\mu)^2 - 2\mu_d(1-\mu_d)(1-\mu)^2]^{\frac{1}{2}} \tag{2-15}$$

式中　R_1——粉碎区半径，mm；

ρ_0——爆破物密度，kg/m³；

v_D——爆破物爆速，m/s；

σ_{cd}——煤岩单轴动抗压强度，MPa；

r_b——炸药半径，mm；

ρ——煤岩密度，kg/m³；

C_p——煤岩体中纵波波速，m/s；

μ——煤岩侧压系数；

μ_d——泊松比。

考虑损伤因子 D 的裂隙区半径 R_2 为：

$$R_2 = r_0^{\alpha_D}\sqrt{\frac{p(1-2\mu^2)}{\sigma_{td}(1-D)}} \tag{2-16}$$

2.2.4　二氧化碳致裂对煤岩作用理论研究

在液态二氧化碳相变致裂的冲击力作用下，煤岩破坏一般可以分为四个阶段，煤岩的应力-应变曲线如图 2-6 所示。OA 阶段即初始非线性变形阶段，此阶段弹性模量较小，煤岩中的孔隙和裂隙在外部荷载的作用下被压实闭合。AB 阶段即弹性阶段，此阶段煤岩的压缩模量反映了煤岩的弹性模量，此时煤岩的应力-应变呈线性关系，煤岩内不存在不可逆的过程。*BC* 阶段即稳定破裂发展阶段，此阶段存在非弹性变形，煤岩会有复杂的微裂隙产生，开始出现不可逆的变形。*CD* 阶段即不稳定的破裂发展阶段，煤岩产生损伤，煤岩的微裂隙进一步发展，最终会形成大的裂隙，此过程产生不可逆的变形。

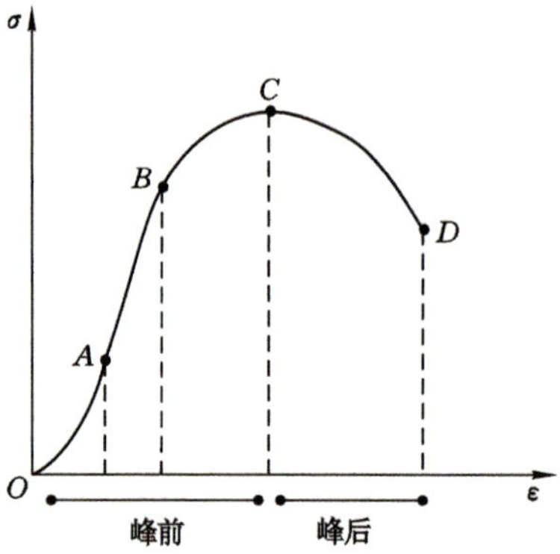

图 2-6　煤岩应力-应变曲线

二氧化碳相变致裂增透是一种低温物理爆破技术，可以借助爆破理论和断裂力学研究二氧化碳相变致裂增透煤层的裂纹扩展机理。岩石爆破破碎作用理论可分为三类：第一类是爆炸气体膨胀作用理论，岩石的破坏主要是高压气体膨胀做功所致；第二类是爆炸应力波反射拉伸理论，岩石的破坏主要是高温高压冲击波作用所致；第三类是爆生气体和应力波综合作用理论，岩石的破坏是在高温高压冲击波和爆生气体的综合作用下产生的。二氧化碳相变致裂煤岩属于第三类作用理论，煤岩的破坏受到液态二氧化碳相变产生的冲击波和体积迅速扩大的高压气体的共同作用。二氧化碳致裂示意如图 2-7 所示。

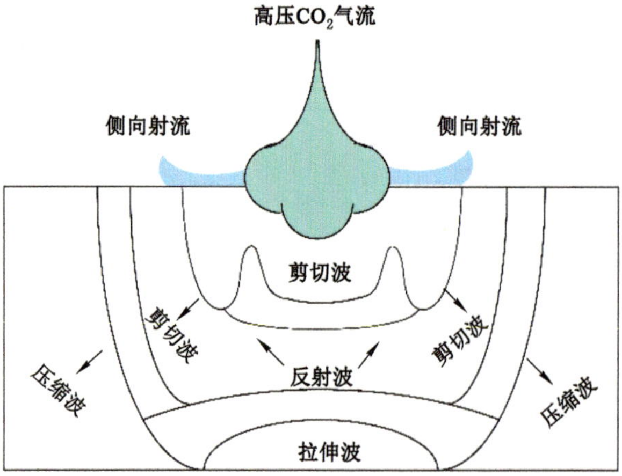

图 2-7　二氧化碳致裂示意

在二氧化碳致裂过程中，煤岩处于动静耦合荷载作用下，此时，地应力对煤岩的力学性能有显著影响。由于气爆孔直径远小于煤层厚度，因此可采用弹性力学模型对地应力下二氧化碳气爆进行分析。如图 2-8 所示，将来自无限介质的地应力用水平应力 p_x 和垂直应力

p_y 表示。

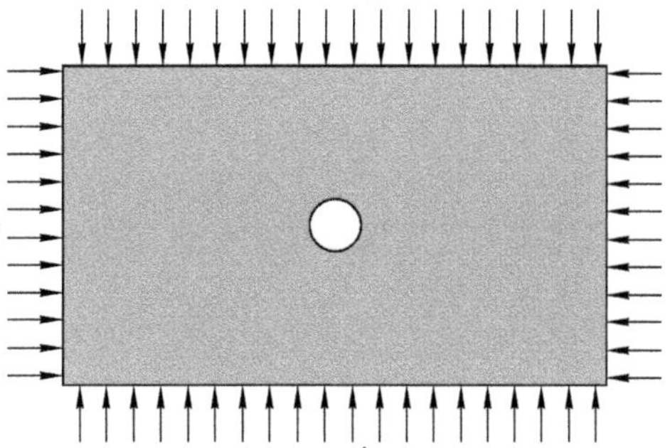

图 2-8　地应力下二氧化碳气爆分析模型

根据分析可得第一阶段地应力远低于气爆产生的冲击波压力，对粉碎区的形成影响不大；随着二氧化碳致裂的进行，冲击波逐渐衰减成应力波，煤岩径向受压、切向受拉，当应力波强度超过煤岩的抗拉强度时，就会产生拉伸裂隙，产生与粉碎区相连的径向裂隙，此时地应力对煤岩裂纹扩展的影响不可忽略，有必要对地应力下产生的环向应力进行分析。

静荷载单孔环向应力可由式(2-17)表示：

$$\sigma_\theta = \frac{p_x + p_y}{2}\left[1 + \left(\frac{r_b}{r}\right)^2\right] - \frac{p_x - p_y}{2}\left[1 + 3\left(\frac{r_d}{r}\right)^4\right]\cos 2\theta \tag{2-17}$$

式中　σ_θ——环向应力，MPa；

r_d——炮孔半径，m；

r——距爆源的距离，m；

θ——方位角，(°)。

根据式(2-17)计算不同初始应力条件下孔壁的环向应力，如图 2-9 所示。一般来说，地应力的存在会抑制气爆荷载作用，阻止裂纹的产生。当 $p_x = p_y$ 时，孔壁的环向应力是各向同性的，其大小随初始应力的增加而逐渐增大；并且地应力越大，抑制作用越强，损伤范围越小。当 $p_x < p_y$ 时，气爆孔内壁受到高压 CO_2 气体冲击压力作用后，位于 y 轴(最大压应力)方向的介质受到较小的环向应力，容易被较低的径向冲击应力破坏。而在 x 轴(最小压应力)方向的介质受到较大的环向应力，其抵抗径向冲击强度增加，从而抑制了裂纹的形成和沿该方向的扩展。也就是说，最大压应力方向的介质在冲击波作用下先发生压缩破坏，产生初始裂隙，并随应力波的传播和高压 CO_2 气体进入裂隙，裂隙进一步发育和扩展。此外，损伤区域形状取决于 x 轴、y 轴方向的初始应力比，初始应力比偏离 1 越远，损伤区域离心率越大。

不考虑煤岩的多孔介质属性，假设煤岩为均质各向同性体，则可将煤岩视为理想弹性体。基于弹性力学，煤岩质点的运动可以用以下方程描述：

$$\rho\frac{\partial^2 u}{\partial t^2} = \frac{\partial \sigma_x}{\partial x} + \frac{\partial \tau_{xy}}{\partial y} + \frac{\partial \tau_{xz}}{\partial z} \tag{2-18}$$

$$\rho\frac{\partial^2 v}{\partial t^2} = \frac{\partial \tau_{yx}}{\partial x} + \frac{\partial \sigma_y}{\partial y} + \frac{\partial \tau_{yz}}{\partial z} \tag{2-19}$$

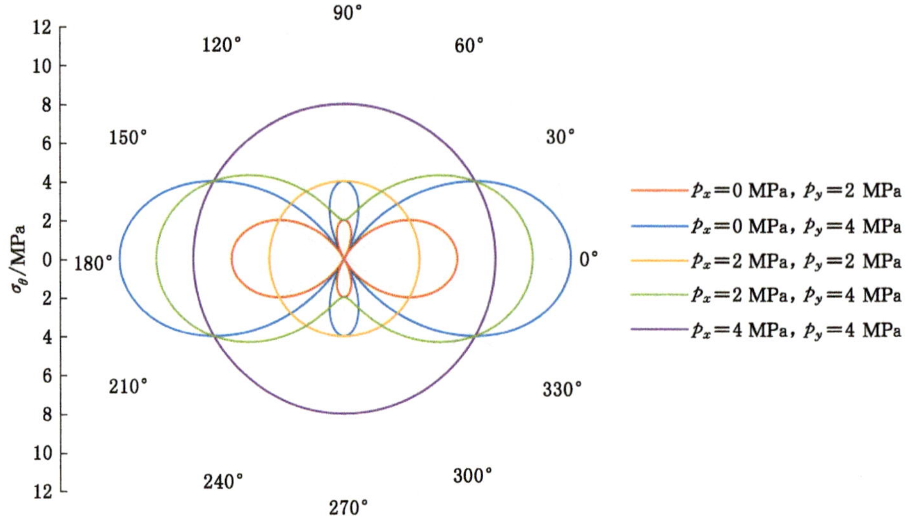

图 2-9　钻孔壁的环向应力分布

$$\rho \frac{\partial^2 w}{\partial t^2} = \frac{\partial \tau_{zx}}{\partial x} + \frac{\partial \tau_{zy}}{\partial y} + \frac{\partial \sigma_z}{\partial z} \tag{2-20}$$

几何方程：

$$\varepsilon_x = \frac{\partial u}{\partial x}, \varepsilon_y = \frac{\partial v}{\partial y}, \varepsilon_z = \frac{\partial w}{\partial z} \tag{2-21}$$

$$\gamma_{xy} = \frac{\partial v}{\partial x} + \frac{\partial u}{\partial y}, \gamma_{yz} = \frac{\partial w}{\partial y} + \frac{\partial v}{\partial z}, \gamma_{zx} = \frac{\partial u}{\partial z} + \frac{\partial w}{\partial x} \tag{2-22}$$

根据胡克定律可得：

$$\sigma_x = (\lambda + 2G)\varepsilon_x + \lambda\varepsilon_y + \lambda\varepsilon_z \tag{2-23}$$

$$\sigma_y = \lambda\varepsilon_x + (\lambda + 2G)\varepsilon_y + \lambda\varepsilon_z \tag{2-24}$$

$$\sigma_z = \lambda\varepsilon_x + \lambda\varepsilon_y + (\lambda + 2G)\varepsilon_z \tag{2-25}$$

$$\tau_{yz} = 2G\gamma_{yz} \tag{2-26}$$

$$\tau_{xz} = 2G\gamma_{xz} \tag{2-27}$$

$$\tau_{xy} = 2G\gamma_{xy} \tag{2-28}$$

式中　ρ——煤岩的密度，kg/m^3；

σ_x、σ_y、σ_z——x、y 和 z 方向的主应力；

ε_x、ε_y、ε_z——x、y 和 z 方向的主应变；

u、v、w——x、y 和 z 方向的位移；

λ、G——拉梅常数，$\lambda = \frac{\mu E}{(1+\mu)(1-2\mu)}$、$G = \frac{E}{2(1+\mu)}$。

根据式(2-18)至式(2-28)可得：

$$\rho \frac{\partial^2 u}{\partial t^2} = (\lambda + G)\left(\frac{\partial^2 u}{\partial x^2} + \frac{\partial^2 v}{\partial x \partial y} + \frac{\partial^2 w}{\partial x \partial z}\right) + G\left(\frac{\partial^2 u}{\partial x^2} + \frac{\partial^2 u}{\partial y^2} + \frac{\partial^2 u}{\partial z^2}\right) \tag{2-29}$$

$$\rho \frac{\partial^2 v}{\partial t^2} = (\lambda + G)\left(\frac{\partial^2 u}{\partial x \partial y} + \frac{\partial^2 v}{\partial y^2} + \frac{\partial^2 w}{\partial y \partial z}\right) + G\left(\frac{\partial^2 v}{\partial x^2} + \frac{\partial^2 v}{\partial y^2} + \frac{\partial^2 v}{\partial z^2}\right) \tag{2-30}$$

$$\rho \frac{\partial^2 w}{\partial t^2} = (\lambda + G)(\frac{\partial^2 u}{\partial x \partial z} + \frac{\partial^2 v}{\partial y \partial z} + \frac{\partial^2 w}{\partial z^2}) + G(\frac{\partial^2 w}{\partial x^2} + \frac{\partial^2 w}{\partial y^2} + \frac{\partial^2 w}{\partial z^2}) \tag{2-31}$$

设应力波平行于 x 轴方向传播，则 $\frac{\partial u}{\partial y} = \frac{\partial u}{\partial z} = 0$，代入式(2-29)可得：

$$\rho \frac{\partial^2 u}{\partial t^2} = (\lambda + 2G) \frac{\partial^2 u}{\partial x^2} \tag{2-32}$$

同理，当应力波作为平面波沿 y 轴方向传播时，$\frac{\partial u}{\partial x} = \frac{\partial u}{\partial z} = 0$，代入式(2-29)可得：

$$\rho \frac{\partial^2 u}{\partial t^2} = G \frac{\partial^2 u}{\partial y^2} \tag{2-33}$$

将式(2-32)和式(2-33)变形并代入边界已知条件，可得纵波波速 C_p 和横波波速 C_s 的表达式：

$$C_p = \sqrt{\frac{1 + 2G}{\rho}} = \sqrt{\frac{E(1-\mu)}{\rho(1+\mu)(1-2\mu)}} \tag{2-34}$$

$$C_s = \sqrt{\frac{G}{\rho}} = \sqrt{\frac{E}{2\rho(1+\mu)}} \tag{2-35}$$

式中　C_p——纵波波速，m/s；

　　　C_s——横波波速，m/s。

一般二氧化碳相变致裂增透都采用水平钻孔，垂直于裂缝面的上覆岩层地应力对裂缝扩展起阻碍作用，所以为了更符合实际，在分析二氧化碳相变致裂过程时要综合考虑地应力作用的影响。为了简化分析，在模型中设定气体充满裂隙尖端，且只考虑垂直方向上的地应力作用影响，考虑地应力的断裂力学模型如图 2-10 所示，考虑地应力的爆破裂隙扩展模型如图 2-11 所示。

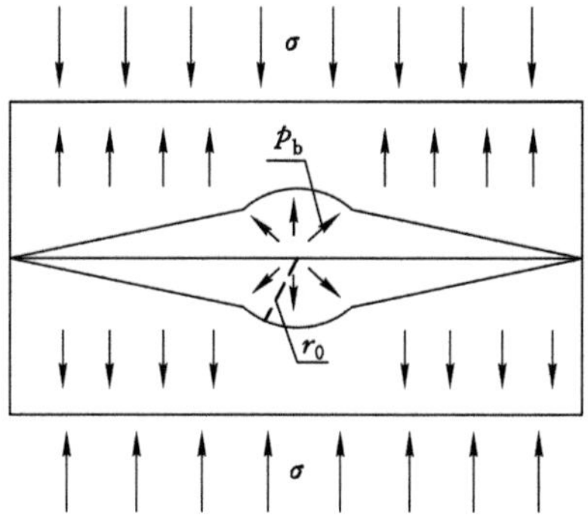

图 2-10　考虑地应力的断裂力学模型

根据断裂力学理论，预裂爆破的裂隙类型主要分为三类：张开型、滑开型和张开滑开综合型。煤岩中裂隙是否扩展取决于裂隙尖端的应力强度因子与裂隙的动态断裂韧度，当应力强度因子大于动态断裂韧度时，就会发生裂隙扩展。裂隙尖端的应力强度因子为：

$$k_s = 2\sqrt{\frac{L + r_0}{\pi}} \int_0^{L+r_0} \frac{p(x) - \sigma}{\sqrt{(L + r_0)^2 - x^2}} \mathrm{d}x \tag{2-36}$$

式中　k_s——裂隙尖端应力强度因子；

　　　x——裂隙任意段的长度，m；

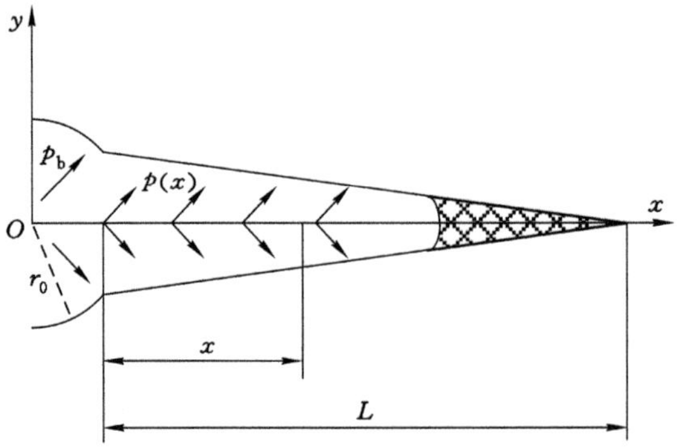

图 2-11 考虑地应力的爆破裂隙扩展模型

σ——地应力，MPa；

r_0——二氧化碳致裂孔半径，m；

L——裂隙瞬间扩展长度（二氧化碳致裂半径），m；

$p(x)$——气体压力沿径向裂隙分布函数，MPa。

假设超临界二氧化碳汽化成气态的初始压力沿着径向裂隙呈线性下降，则径向裂隙中任意位置的气体压力计算公式为：

$$p(x) = p_b \frac{L-x}{L-r_0} \tag{2-37}$$

$$p_b = \frac{1}{2(1+k)}\rho_0 D_v^2 n \tag{2-38}$$

式中 p_b——超临界二氧化碳汽化成气态的初始压力，MPa；

k——气体的绝热指数；

ρ_0——常温状态下的液体密度，kg/m^3；

D_v——爆生气体的爆速，m/s；

n——压力增大常数，取 $n=10$。

将式(2-37)代入式(2-36)，可得：

$$k_s = \sqrt{\pi(L+r_0)}\{[\frac{\pi L-2L-2r_0}{\pi(L-r_0)}]p_b - 6\} \tag{2-39}$$

当裂隙的长度远大于钻孔直径时，二氧化碳致裂孔直径可以作为裂隙的一部分，则 $r_0=0$，则由式(2-39)可得：

$$k_s = \sqrt{\pi L}[(1-\frac{2}{\pi})p_b - 6] \tag{2-40}$$

则煤岩裂隙的扩展条件为：

$$\sqrt{\pi L}[(1-\frac{2}{\pi})p_b - 6] > k_{sd} \tag{2-41}$$

式中 k_{sd}——动态断裂韧度，$N/m^{3/2}$。

由此可以看出，裂隙尖端的应力强度因子与地应力和气体的初始压力有关，煤的动态断裂韧度可认为是固定值，故地应力和气体的初始压力会对煤岩的裂隙扩展产生作用。

第 3 章　二氧化碳致裂设备

二氧化碳相变致裂装置可分为两部分，储液管充装装置和二氧化碳相变致裂器装置。若要进行井下二氧化碳相变致裂增透，首先要在地面上对储液管充填液态二氧化碳，然后组装二氧化碳相变致裂器装置，并按照设计要求和二氧化碳致裂目的，将多个二氧化碳相变致裂器串联在一起，进行二氧化碳相变致裂增透[20]。

设备工作流程如图 3-1 所示。

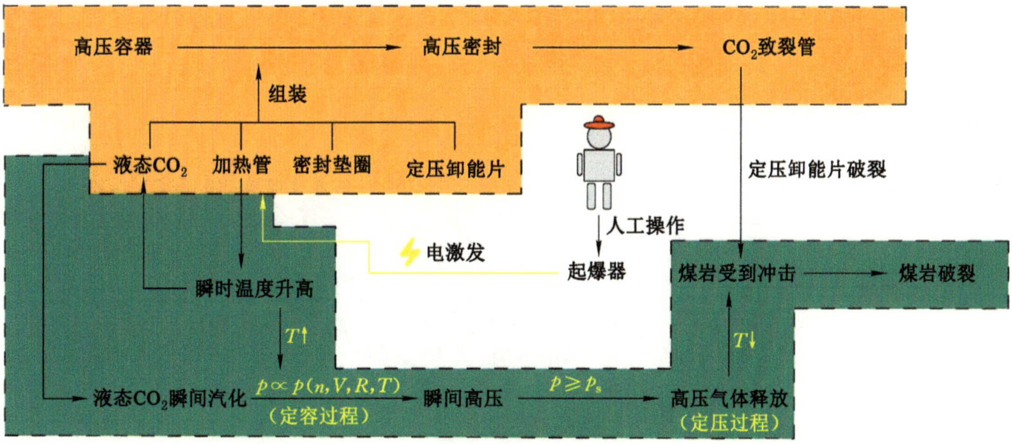

图 3-1　设备工作流程图

3.1　充装设备

图 3-2 所示为储液管充装装置示意图，它主要由三个主体部分组成，分别是液态 CO_2 钢瓶、充填设备、空气压缩机。储液管充填 CO_2 需在地面上完成，充填设备利用空气压缩机提供能量驱动 CO_2 增压泵，将液态钢瓶内的液态 CO_2 充入储液管中，充装至储液管中的压力为 15 MPa，即完成充装，充装过程操作简单、安全性高。空气压缩机主要为充填液态 CO_2 提供动力，液态 CO_2 钢瓶用于存放液态 CO_2，充填设备是为了保证安全地将液态 CO_2 充填至储液管中。

液态 CO_2 储罐和五工位充装架如图 3-3 和图 3-4 所示。

充装工作如图 3-5 所示。

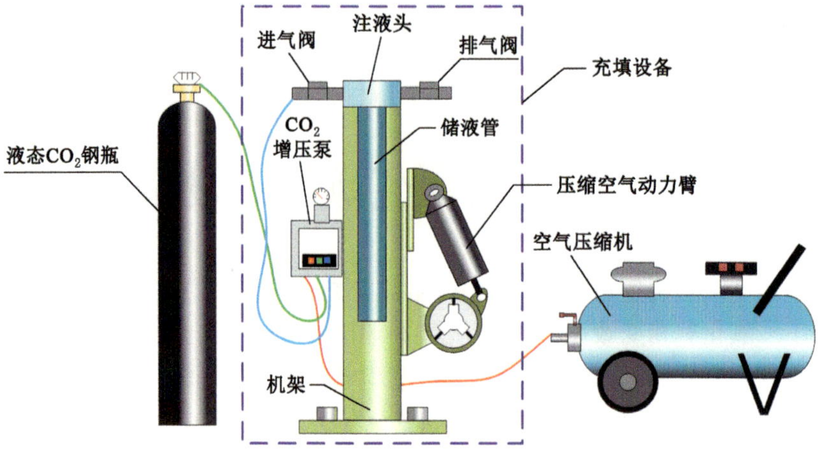

图 3-2　储液管充装装置示意图

图 3-3　液态 CO_2 储罐

图 3-4　五工位充装架

图 3-5　充装工作

3.2　二氧化碳相变致裂器装置

图 3-6 所示为二氧化碳相变致裂器装置示意图，二氧化碳相变致裂器装置由充装头、发热管、储液管、密封垫圈、定压卸能片、压力释放头等部分构成。充装头包括截止阀、注液孔、导线连接孔等几部分。发热管又称发热药卷，通电后可立即产生剧烈反应，释放大量热量，加热液态 CO_2，进而促进液态二氧化碳相变致裂。储液管由特种合金钢制成，用于储存液态 CO_2，无焊接，可承受 1 000 MPa 的压力，坚固耐用，一端连接充装头，一端连接定压卸能片。密封垫圈又称压力密封圈，是在储液管两端与定压卸能片和发热管连接处放入的密封保护装置，防止漏气而发生故障。定压卸能片由一圆形钢板制成，一面稍有凸起，具有一定的抗剪切强度；当储液管内压力大于该强度时，卸能片就会被破坏，储液管内的超临界 CO_2 就会在压力释放头处相变成高压气体。压力释放头由特种钢材制造，一端连接到储液管，另一端封闭，具有排气孔；储液管中的高压气体在二氧化碳致裂启动后从排气孔中排出，作用在煤体上[21]。二氧化碳相变致裂器装置实物如图 3-7 所示，各部件实物如图 3-8 所示。

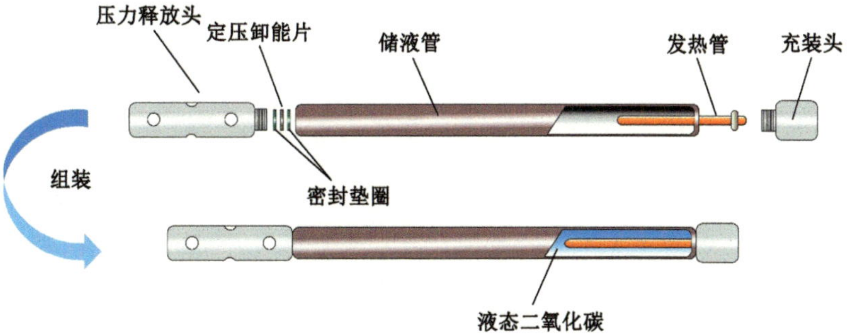

图 3-6　二氧化碳相变致裂器装置示意图

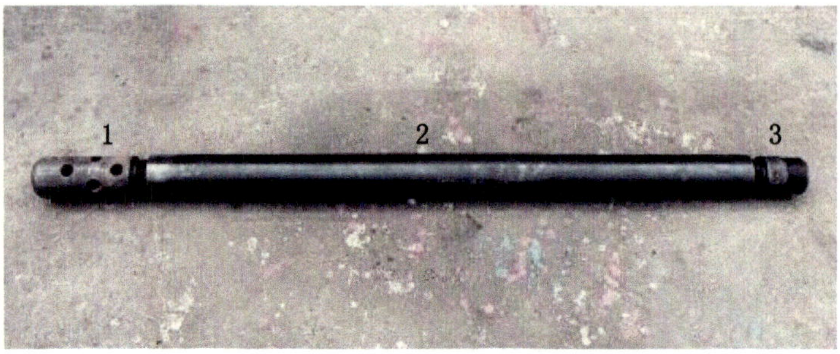

1—压力释放头；2—储液管；3—充装头。

图 3-7　二氧化碳相变致裂器装置实物

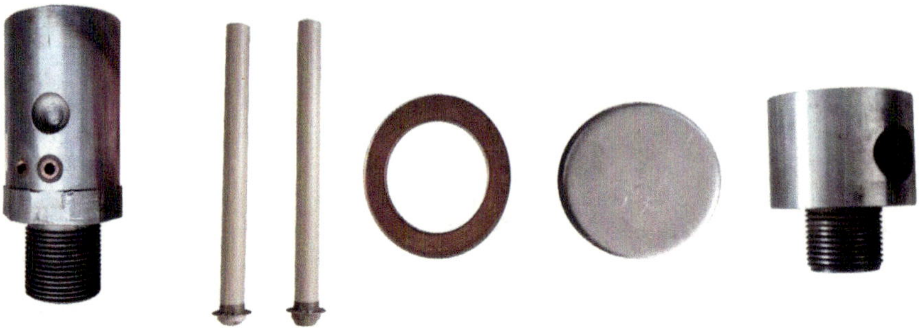

(a) 充装头　(b) 发热管　(c) 密封垫圈　(d) 定压卸能片　(e) 压力释放头

图 3-8　各部件实物

第 4 章　二氧化碳致裂技术效果的试验研究

4.1　二氧化碳致裂对煤岩孔隙的影响

4.1.1　煤岩孔隙简介

4.1.1.1　煤岩孔裂隙结构类型

孔隙与裂隙作为瓦斯储集与运移的主要场所，是研究煤与瓦斯突出问题的关键所在，现阶段的消突技术均建立在破坏原有煤层孔隙、裂隙系统并使其发育扩张的基础上，所以对煤层的孔隙与裂隙进行研究是很有必要的[22]。煤岩是多孔介质系统，是由基质微孔系统与割理裂隙系统两大部分组成的典型双重孔裂隙介质，如图 4-1 所示。

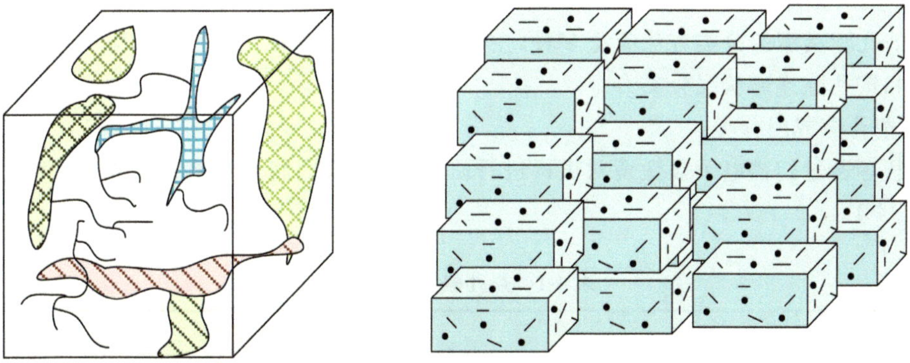

(a) 煤岩实际孔裂隙结构　　(b) 煤岩孔裂隙双重结构

图 4-1　煤岩孔裂隙结构模型

煤层中的瓦斯需要借助孔隙和裂隙来存储和运移。煤体的孔裂隙尺寸、形态以及分布情况决定着瓦斯在煤体中的吸附解吸和运移扩散。根据双重孔裂隙模型将瓦斯的抽采过程分为三个阶段[23]：首先，瓦斯从煤基质孔隙结构表面解吸、扩散到稍大的孔隙；其次，瓦斯通过扩散和渗流进入更大的裂隙中；最终，瓦斯从裂隙渗流到钻孔中，如图 4-2 所示。可以看出，对煤层的孔隙-裂隙系统进行改善是提高煤层透气性和瓦斯抽采效率的关键。目前的增透技术都是通过破坏和扩张原有的孔隙和裂隙系统来实现的，了解煤层中的孔隙和裂隙特征是实现高效增透的基础。因此，对煤体孔裂隙结构特征进行研究是十分必要的。

煤是一种主要由碳、氢、氧、氮等元素组成的有机质沉积岩石，在成煤过程中，由于环境、温度和构造运动的不同，生成的孔隙及裂隙结构极其复杂。对煤中孔裂隙进行分类是研究孔裂隙特征的基础。

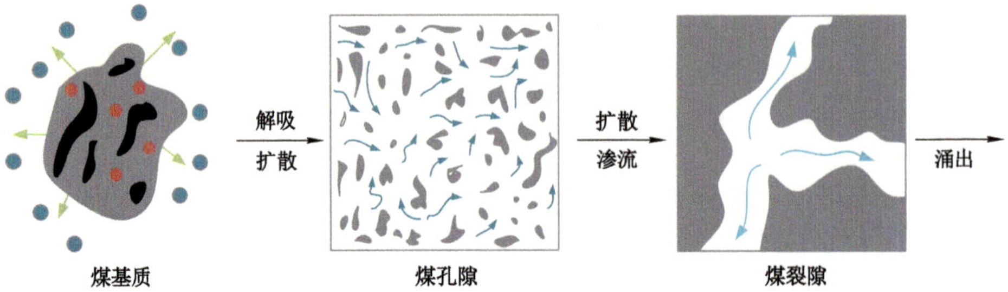

图 4-2 瓦斯在煤岩中的运移过程

4.1.1.2 煤岩孔裂隙分类

煤岩中的孔裂隙类型非常复杂，不仅有大量的微孔隙，而且还有大量的大孔隙和微裂隙，这是由于成煤原因、环境和过程的不同。裂隙系统起主干作用，影响着煤岩的渗透性；裂隙系统将孔隙系统连接起来，影响着瓦斯的储存和运移；孔隙与裂隙相互连通交错形成网状结构，使煤中的瓦斯发生扩散和渗流。煤孔裂隙的成因、类型及发育特征反映了煤的物理及化学性质，具有现实与理论研究的价值。因此，有必要通过了解孔裂隙的分类去研究煤的孔裂隙特性。

(1) 煤的孔隙分类

煤的孔隙类型的分类方法有很多种，主要分类方法有三种：按孔隙成因分类、按孔径大小分类和按孔隙连通状况分类[24]。

① 按孔隙成因分类

张慧等通过扫描电子显微镜对煤样进行研究，根据成因将煤的孔隙划分为四大类十小类，见表 4-1。

表 4-1 煤孔隙按成因分类

类型		成因简述
原生孔	胞腔孔	成煤植物本身所具有的细胞结构孔
	屑间孔	镜屑体、壳屑体等碎屑状颗粒之间的孔
变质孔	链间孔	凝胶化物质在变质作用下缩聚而形成的链之间的孔
	气孔	煤变质过程中由生气和聚气作用而形成的孔
外生孔	角砾孔	煤受构造应力破坏而形成的角砾之间的孔
	碎粒孔	煤受构造应力破坏而形成的碎粒之间的孔
	摩擦孔	压应力作用下面与面之间摩擦而形成的孔
矿物质孔	铸模孔	煤中矿物质在有机质中因硬度差异而铸成的印坑
	溶蚀孔	可溶性矿物质长期在水、气作用下形成的孔
	晶间孔	矿物晶粒间的孔

② 按孔径大小分类

孔隙孔径同样可以作为划分孔隙类型的依据，一般分为微孔、小孔(过渡孔)、中孔和大孔。不同研究者根据自己研究的目标和试验手段对孔隙进行了不同的分类，如表 4-2 所示。

目前,苏联学者霍多特的孔径分类方法被广泛使用。

表 4-2　煤孔隙按孔径分类

<table>
<tr><th>研究者</th><th>微孔/nm</th><th colspan="2">小孔(过渡孔)/nm</th><th>中孔/nm</th><th colspan="2">大孔/nm</th></tr>
<tr><td>霍多特(1961)</td><td><10</td><td colspan="2">10~<100</td><td>100~<1 000</td><td colspan="2">≥1 000</td></tr>
<tr><td>IUPAC(1966)</td><td><2</td><td colspan="2">—</td><td>2~<50</td><td colspan="2">≥50</td></tr>
<tr><td>H. Gan(1972)</td><td><1.2</td><td colspan="2">1.2~<30</td><td>—</td><td colspan="2">≥30</td></tr>
<tr><td>朱之培(1982)</td><td><12</td><td colspan="2">12~<30</td><td>—</td><td colspan="2">≥30</td></tr>
<tr><td>Girish(1987)</td><td><0.8</td><td colspan="2">0.8~<2</td><td>2~<50</td><td colspan="2">≥50</td></tr>
<tr><td>杨思敏(1991)</td><td><10</td><td colspan="2">10~<50</td><td>50~<750</td><td colspan="2">≥750</td></tr>
<tr><td>吴俊(1991)</td><td><10</td><td colspan="2">10~<100</td><td>100~<1 000</td><td colspan="2">1 000~1 500</td></tr>
<tr><td>煤科院抚顺分院(1993)</td><td><10</td><td colspan="2">10~<100</td><td>100~<7 500</td><td colspan="2">≥7 500</td></tr>
<tr><td>秦勇(1994)</td><td><15</td><td colspan="2">15~<50</td><td>50~<450</td><td colspan="2">≥450</td></tr>
<tr><td>傅雪海(2005)</td><td><8</td><td>8~<20
过渡孔</td><td>20~<65
小孔</td><td>65~<325
中孔</td><td>325~<1 000
过渡孔</td><td>≥1 000
大孔</td></tr>
</table>

③ 按孔隙连通状况分类

按照连通性及在吸附试验中可否产生吸附回线,可以将孔隙分为三类:开放性透气孔、一端封闭的不透气性孔、一种特殊形态的孔,分类如表 4-3 所示。

表 4-3　按孔隙连通性分类

孔隙分类	孔隙类型	低温氮吸附试验 是否产生吸附回线	孔形状示意图
开放性透气孔	包括两端开口圆筒形孔及四边开放的平行板状孔	能产生吸附回线	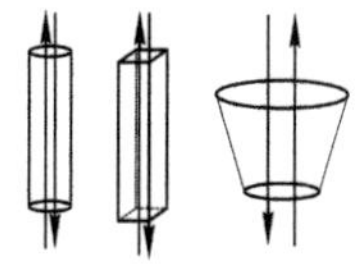
一端封闭的不透气性孔	包括一端封闭的圆筒形孔、一端封闭的平行板状孔、一端封闭的楔形孔以及一端封闭的平行狭缝孔	不会产生吸附回线	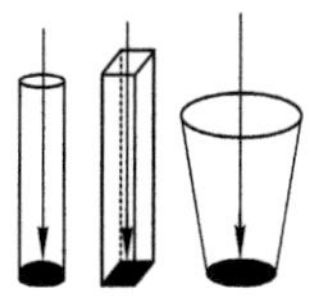
一种特殊形态的孔	细颈瓶形(墨水瓶状)孔	虽然一端封闭,但也能产生吸附回线,且解吸分支有一个急剧下降的拐点	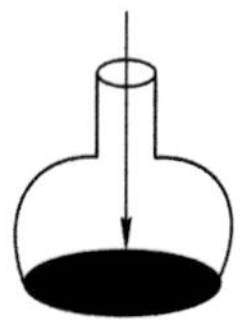

(2) 煤的裂隙分类

煤中的裂隙大多数是煤化过程中或后期的地质作用形成的破裂现象,煤中的裂隙多数是后来形成的。根据成因,可以将裂隙分为内生裂隙和外生裂隙,如表 4-4 所示,内生裂隙与外生裂隙方向一般相一致或斜交。

表 4-4　按裂隙成因分类

	内生裂隙	外生裂隙
1	煤化过程中由于其体积的收缩、脱水、脱挥发分等因素影响形成	煤处于构造变形时期受到应力作用产生
2	力学特性表现为以张性为主	力学特性表现为张性、剪性或过度类型
3	延展方向不穿过不同的煤岩类型或界限	不受任何组分和类型的约束
4	与层理面近似垂直且裂隙表面平整	与层理面存在任意相交角度且裂隙表面有擦痕、阶步和反阶步
5	内部填充物极少有碎煤粒	内部存在大量碎煤粒

煤中的裂隙大小不一，有的大裂隙贯穿整个煤层，有的裂隙则在局部煤层内，不同的裂隙相互交错构成裂隙网，裂隙网络的发育程度对煤的渗透性的影响作用很大，从而影响煤层瓦斯的抽采。

4.1.1.3　孔隙研究方法

目前煤的孔隙测试研究方法可分为两类：光电辐射法和流体导入法。其中光电辐射法主要有光学显微镜、扫描电子显微镜（简称扫描电镜）、透射电子显微镜、CT 扫描、核磁共振法等；流体导入法主要有压汞法、低温氮吸附法、二氧化碳吸附法等。根据 IUPAC 孔隙分类，上述各测试方法的测试表征范围如图 4-3 所示。通过光电辐射法可以直观地观测煤的孔隙大小、形状和表面粗糙度等，采用流体导入法可以通过间接计算得到样品的孔隙率、孔径分布、比表面积等。

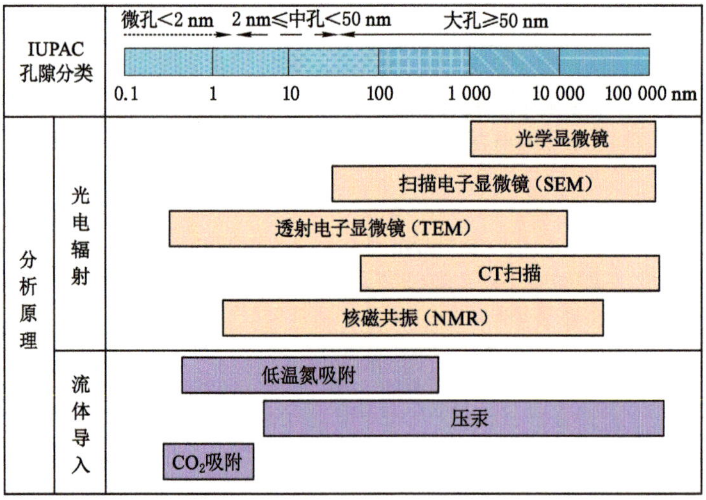

图 4-3　煤岩孔隙表征方法

不同的表征方法适用的孔径范围不尽相同。有关煤孔隙研究表明，采用低温氮吸附法的有效孔径测定范围为 0.35～350 nm；压汞法的孔径测定范围为 3～100 000 nm，但是压汞法在高压测试时，由于高压会对 50 nm 以下孔隙结构产生破坏作用，测试结果不准确。

4.1.2　分形理论简介

分形理论最初是由波兰数学家 Mandelbrot 在 20 世纪 60 年代提出的，用于研究自然界中无序而具有自相似特征的对象[25]。在分形理论中，自相似性指的是一个对象的一部分在不同尺度上与整体具有相似的结构或形态。简单来说，即一个对象的某个局部区域与整个对象在形态、结构和性质上呈现出一定程度的相似性，也可以理解为是一种自我重复的形式。对于煤这种含有多级孔隙结构的介质，可以通过选取合适的分形模型计算出不同尺度的孔隙结构分形维数 D，这个分形维数可以表征孔隙结构特性，从而量化和描述多孔介质中孔隙结构的复杂程度。一般情况下，孔隙分形维数越大，表示孔隙结构越复杂，孔隙尺寸分布越分散，孔隙尺寸分布越广泛，非均质性越强。相反，孔隙分形维数越小，表示孔隙结构越简单，孔隙尺寸分布越集中，非均质性越弱。目前能与分形理论结合的常见的孔隙物性试验方法有压汞法、低温氮吸附法与扫描电镜法。基于低温氮吸附法的分形模型有分形 BET 模型、分形 Langmuir 模型、分形 FHH 模型等。此三种模型已被运用于煤与页岩的分形维数计算，而其中分形 FHH 模型被广泛用于多孔介质的分形维数计算。基于压汞法计算分形维数的模型有 Menger 海绵模型与热力学模型。扫描电镜法则可利用 Image-J 软件中的二值化图像对孔隙进行识别，并利用孔面积与孔周长关系求分形维数。

4.1.2.1　压汞法分形模型

现阶段适用于压汞法的分形模型有 Menger 海绵模型与热力学模型。由于压汞法所测孔隙孔径范围为 3～100 000 nm，所以采用 Menger 海绵模型与热力学模型计算渗流孔隙（孔径≥100 nm）分形维数会得到较为准确的结果。

（1）Menger 海绵模型

Washburn 借助 Menger 海绵模型的孔隙构建思想经过一系列推导得出如下多孔结构体的孔隙结构分形维数关系式：

$$\ln\left(\frac{\mathrm{d}V}{\mathrm{d}p}\right) = A_1 \ln p + C \tag{4-1}$$

式中　V——孔隙体积，mL；

p——进汞压力，MPa；

C——待定常量；

A_1——$\ln(\mathrm{d}V/\mathrm{d}p)$-$\ln p$ 双对数曲线的斜率。

Menger 海绵模型分形维数 $D_m = 4 + A_1$。

（2）热力学模型

在压汞过程中，随着外部压力的增大，进入煤岩孔隙的汞液量就会增多，从而使得孔表面能量不断增加，即外部压力所做的功等于孔表面能，且满足如下关系式：

$$W = p\mathrm{d}V = -\sigma\cos\theta\mathrm{d}S \tag{4-2}$$

式中　S——多孔介质的表面积，m^2；

W——孔表面能，J。

由此可以得到进汞增量 Q_n 与孔隙表面能 W_n 的表达式：

$$W_n = \sum_i p_i \Delta V_i, Q_n = V_n^{1/3}/r_n \tag{4-3}$$

根据外部压力所做的功等于孔表面能的关系，存在如下关系式：

$$\ln W_n = \ln Q_n + C \tag{4-4}$$

对式(4-4)进行修正，导出包含热力学分形维数 D_r 的关系式：

$$\ln\left(\frac{W_n}{r_n^2}\right) = D_r \ln Q_n + C \tag{4-5}$$

根据压汞试验所测数据，对 $\ln(W_n/r_n^2)$ 与 $\ln Q_n$ 进行线性拟合就可以求出热力学模型下的分形维数 D_r。

4.1.2.2 低温氮吸附法分形模型

Pfeifer 等提出基于分形 FHH 模型的理论计算公式[26]：

$$\ln V = k + A\ln[\ln(\frac{p_0}{p})] \tag{4-6}$$

式中 k——待定常量；

A——$\ln V$-$\ln[\ln(p_0/p)]$ 双对数曲线的斜率，取决于煤的孔隙分形维数 D_F 和吸附机制，与分形维数 D_F 呈线性关系。基于分形 FHH 模型，前人认为 $\ln V$ 和 $\ln[\ln(p_0/p)]$ 关系式的斜率 A 与 D_F 存在明确关系，不过就两者之间的关系式仍存在争议。

当气体吸附压力在较低范围内时，由于吸附质在固体表面覆盖较少，此时范德瓦耳斯力为吸附质与固体颗粒间的主要作用力，同时固体表面的张力忽略不计，A 与 D_F 的关系式如下：

$$D_F = 3A + 3 \tag{4-7}$$

当气体吸附压力在较高范围内时，会有毛细凝聚现象，此时的吸附质会在固体表面凝聚，所以表面张力成为吸附质与固体颗粒间的主要作用力，对应的 A 与 D_F 的关系式如下：

$$D_F = A + 3 \tag{4-8}$$

4.1.2.3 二氧化碳吸附分形模型

Angulo 等在 Sierpinski 模型基础上提出了微孔结构分形特征关系式：

$$\ln V = (3 - D_S)\ln(p - p_t) + C \tag{4-9}$$

式中 V——平衡压力 p 下吸附的气体分子体积，mL；

D_S——体积分形维数；

p——气体平衡压力，MPa；

p_t——门限压力，MPa；

C—常数。

4.1.2.4 扫描电镜分形模型

Moore 与 Donaldson 在 1995 年通过对砂土颗粒的扫描电镜微观结构图片进行分析得出，砂土颗粒具有分形特征且分形维数在 1～2 之间，开创了扫描电镜研究颗粒平面分形维数的先河。2D-SEM 图像可以清晰地显示煤岩的微观孔隙结构。采用 Image-J 软件可以有效对图片进行二值化处理并提取出闭合孔隙，同时根据周长与面积的相关性可求解孔隙形态分形维数，具体公式如下[27]：

$$\lg P = \frac{D_p}{2}\lg S + C \tag{4-10}$$

式中 P——Image-J 软件分析扫描电镜图片所得到的孔隙周长，nm；

S——孔隙面积，nm^2；

D_p——扫描电镜下的平面分形维数；

C——常数。

4.1.3　二氧化碳致裂对煤岩孔隙影响研究

4.1.3.1　样品采集及试验条件

(1) 试验地点概况与现场钻孔布置

试验样品采集分为两次，第一次在贵州大运煤矿 M8 煤层的 11084 工作面运输巷，并在 11084 工作面运输巷上帮实施二氧化碳致裂增透技术。M8 煤层厚 0.96～4.96 m，平均 2.49 m。M8 煤层为半亮细条带块状、碎块状及碎粒状煤，含黄铁矿结核及方解石细脉。表 4-5 为工业分析所得原煤各种参数。

表 4-5　原煤基本参数

煤层	瓦斯放散初速度 ΔP/mmHg	坚固性系数 f	瓦斯吸附常数		工业分析结果		
			a/($cm^3 \cdot g^{-1}$)	b/MPa^{-1}	M_{ad}/%	A_d/%	V_{daf}
M8	42	0.48	34.488	1.702	2.03	11.67	8.32

采样过程为首先在现场收集原煤，然后打孔安装二氧化碳致裂器，钻孔深度 30 m。二氧化碳致裂器采用 F57 型储液管，容积 1 L，充液量 880 g，二氧化碳致裂器作用深度在孔深 25～30 m 处。二氧化碳致裂后，根据二氧化碳致裂释放口所在深度范围，在二氧化碳致裂孔左侧沿水平方向每隔 1 m 打一个深 30 m 的孔，取孔深 25～30 m 处的煤样，共取三组。然后在二氧化碳致裂孔右侧沿水平方向每隔 10 m 打一个对比孔，共打 2 个，用于宏观参数测试，钻孔布置如图 4-4 所示。由于试验设备要求，将二氧化碳致裂前后的煤样筛选为粒径为 0.4～0.5 mm，并将原煤、二氧化碳致裂 1 m、二氧化碳致裂 2 m 与二氧化碳致裂 3 m 所取得的煤样编号为 YM、1m、2m 与 3m。

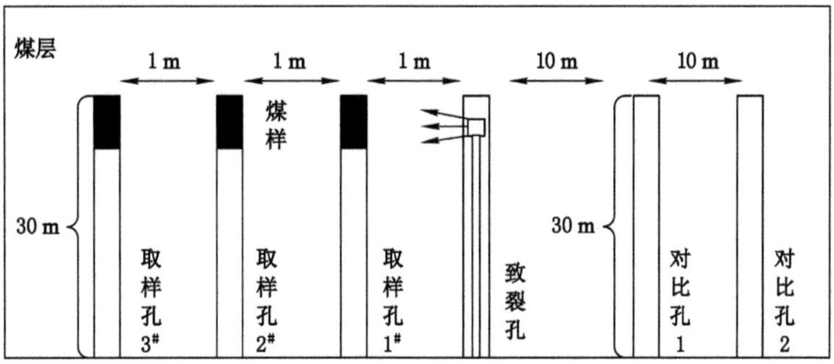

图 4-4　现场钻孔布置示意图

第二次在贵州三个矿区采集原煤和液态 CO_2 致裂煤样，煤样编号和取样地点如表 4-6 所示。采样过程为先在致裂孔附近取得原煤，然后钻孔进行液态 CO_2 致裂，采用 MZL275-51/1200 型致裂器，其容积 2.5 L，充液量 3 kg，致裂器位于孔深 20～40 m 处。待致裂完成后，根据致裂作用距离取得致裂煤样，随后立即将暴露的煤样装进样品袋中，并密封保存运回实验室。为确保后续测试结果的准确性，需要先对煤样进行二次筛选，以去除可能存在的矸石等杂质；然后根据试验或设备要求筛选获得不同粒径大小的煤样并编号保存；随后将所有煤样放入烘箱在 70 ℃条件下真空干燥 12 h,并密封保存以备后续试验。

表 4-6 煤样取样地点和基础物性参数

煤样编号	取样地点	工业分析结果				坚固性系数 f
		M_{ad}/%	A_d/%	V_{daf}/%	FC_{ad}/%	
Y1	攀枝花煤矿 12# 煤层	1.89	14.85	15.32	67.94	0.48
Z1		1.78	14.65	15.46	68.11	0.35
Y2	河边煤矿 7# 煤层	1.26	11.94	13.52	73.28	0.41
Z2		1.33	13.53	13.56	71.58	0.35
Y3	大运煤矿 M8 煤层	2.03	11.67	8.32	77.98	0.38
Z3		1.26	11.94	13.52	73.28	0.35

注:Y 表示原煤,Z 表示致裂煤。

为了确保测量参数的准确性,依据《煤的工业分析方法》(GB/T 212—2008)和《煤和岩石物理力学性质测定方法 第 12 部分:煤的坚固性系数测定方法》(GB/T 23561.12—2010)对煤样进行工业分析测试和坚固性系数测定。选取粒径为 0.125～0.2 mm 的煤样放入 WS-G818 型全自动工业分析仪进行工业分析测试,煤样基础物性参数测试结果如表 4-6 所示。对比煤样坚固性系数 f 值可以发现,致裂煤的坚固性系数明显低于原煤的,煤体力学强度经过致裂后下降,这说明二氧化碳致裂对煤体的内部结构和性质进行了改造。

(2) 试验设备及方法

试验采用压汞法与低温氮吸附法联合对二氧化碳致裂前后煤岩孔隙进行测试,采用扫描电镜对 4 组煤样进行观察,试验设备与制备的煤样如图 4-5 所示。压汞试验采用 AutoPore Ⅳ 9510 型压汞测试仪。压汞试验前,样品在 200 ℃下烘干 4 h。压汞试验汞液所受压力范围为 0～413 MPa,测试孔径范围为 3～100 000 nm。为了探求二氧化碳致裂对孔隙的真实影响,利用低温氮吸附试验作为补充。低温氮吸附试验使用 3H-2000PS2 型静态容量法比表面及孔径分析仪,测定分析原煤与二氧化碳致裂后的 4 份煤样,设备可测孔径范围为 0.35～500 nm。试验前先将待测样品在 90 ℃下烘干 6 h,然后再进行试验。试验开始后,首先将样品装入试管内并在 100 ℃下进行2 h 脱气抽真空,然后将样品试管移动至测试位置开始进行分析。扫描电镜采用 SIGA 型电子扫描显微镜能谱仪,最小分辨率 3 nm。

4.1.3.2 煤样试验分析

(1) 压汞试验

压汞法作为传统孔隙结构测定方法,测定结果较为准确。水银对一般固体来说具有不可浸润性,在对煤岩进行孔隙测定时,在外部逐渐加压,使汞液按照由大孔径到小孔径的顺序进入岩体内部的开放与半开放型孔隙,其压力与孔隙孔径关系可由 Washburn 公式确定[28]:

$$p_{Hg} = \frac{-2\sigma\cos\theta}{r} \tag{4-11}$$

式中 p_{Hg}——汞液进入岩体所需外部压力,MPa;

σ——水银的表面张力,J/m;

θ——汞液与煤的接触角,(°);

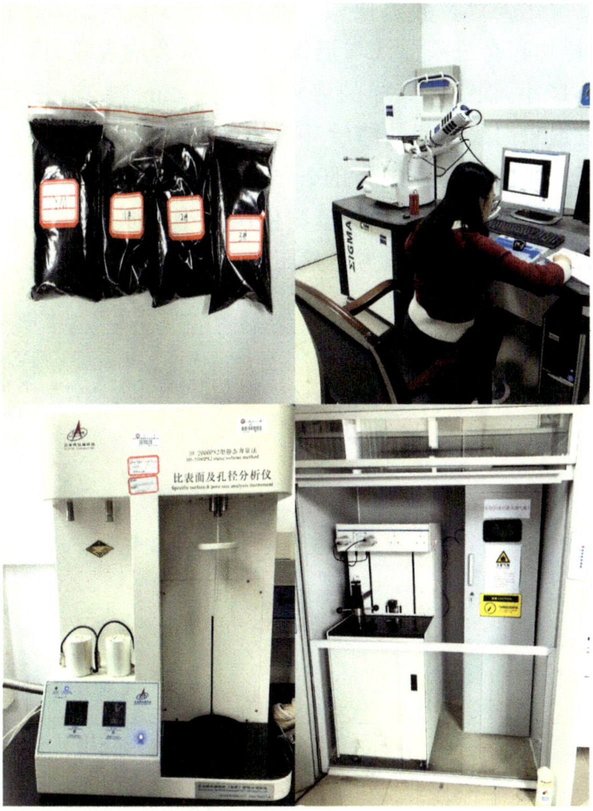

图 4-5　煤样与试验设备

r——孔半径,nm。

第一次取样的原煤与二氧化碳致裂后煤样孔体积、比表面积、平均孔直径与孔隙率等孔隙参数测试结果如表 4-7 所示。

表 4-7　压汞试验结果

煤样编号	孔体积/(mL·g^{-1})	比表面积/(m^2·g^{-1})	平均孔直径/nm	孔隙率/%
YM	0.058 5	14.148	16.5	9.027 1
1m	0.175 3	15.836	44.3	25.189 8
2m	0.112 8	14.160	31.9	19.487 3
3m	0.085 6	13.313	25.7	13.804 4

从表 4-7 中可以看出,二氧化碳致裂对煤样孔隙有显著影响,二氧化碳致裂使煤样孔体积由 0.058 5 mL/g 增大到最大 0.175 3 mL/g,二氧化碳致裂前后煤样比表面积在 13.313～15.836 m^2/g 之间变化,二氧化碳致裂后的平均孔直径均大于二氧化碳致裂前的,同时二氧化碳致裂后煤样的孔隙率较二氧化碳致裂前存在明显增大的趋势。

压汞试验所测得的二氧化碳致裂前后煤样进退汞曲线如图 4-6 所示。由图 4-6 可知,原煤的进退汞曲线位于最下方,二氧化碳致裂后 1m、2m 与 3m 煤样的进退汞曲线则依次从上到下排序，这说明二氧化碳致裂会迫使煤样孔隙进一步扩展发育。图 4-6 显示的二氧化碳致裂前后的 4 份煤样均存在进汞曲线与退汞曲线不重合的现象，也就是说存在滞后环，从图上看，原煤的滞后环最小，而 1m 煤样的滞后环最大，2m 和 3m 煤样的滞后环则依次减小。在压汞试验中，进退汞曲线之间的滞后环大小可以表征煤样内部的孔隙结构特性。1m 煤样的滞后环最大，说明其内部存在丰富的开放型孔隙，而 2m 和 3m 煤样的滞后环较 1m 煤样小，表明存在开放型孔隙，不过相对含量则依次减小。原煤的滞后环最小，说明在二氧化碳致裂前煤样内部开放型孔隙少，多为半封闭型孔隙与封闭型孔隙。

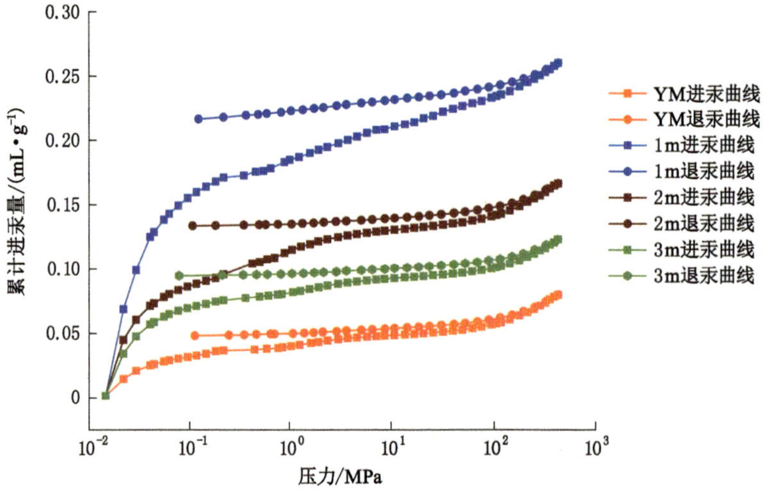

图 4-6　二氧化碳致裂前后煤样进退汞曲线

第二次试验得到的原煤、致裂煤的进退汞曲线如图 4-7 所示。从孔隙连通性角度考虑，可以将煤中的孔隙结构分为两类：有效孔隙和无效孔隙。有效孔隙主要包括半开放型和开放型孔隙，它们在退汞阶段可以有效地将汞液排出；而无效孔隙主要包括半封闭型孔隙和交联孔隙，它们容易使汞液滞留在孔隙中。在进汞过程中，汞液首先填充大孔，但在退汞阶段，汞液先从较小的孔中退出。进汞阶段的总进汞量体现了煤样的总孔体积大小，退汞阶段的总退汞量体现了煤样中有效孔隙的孔体积大小。因此，滞后环的大小反映了无效孔隙的孔体积。滞后环是由进汞曲线和退汞曲线不同步形成的，通常使用“墨水瓶”理论和“接触角”理论对滞后环的形成原理进行解释。目前认为在外界压力条件下，汞液可以侵入煤中复杂孔隙网络结构中，但当外界压力降低时，汞液不能克服表面张力的阻力，无法完全排出孔隙，滞留在孔隙中的汞液就导致了滞后环的形成。因此，煤样进退汞曲线上的滞后环大小，可以在一定程度上反映煤中孔隙结构复杂性和连通性的信息。

通过观察图 4-7 中煤样的进退汞曲线可以发现，原煤和致裂煤的退汞曲线形状都呈向内凸起的弧形，这表明煤样中都存在大量的开放型和半开放型孔隙。原煤和致裂煤的进退汞曲线相似，都存在滞后环，且致裂煤的滞后环更小，这说明经过二氧化碳致裂后，煤中产生了大量的开放型孔隙。原煤(Y1、Y2、Y3)的总孔体积分别为 0.062 7 cm^3/g、0.068 5 cm^3/g、0.058 5 cm^3/g，累计退汞量(有效孔体积)为 0.027 4 cm^3/g、0.026 0 cm^3/g、0.023 6 cm^3/g，无效孔占比为 56.3%、62.0%、59.7%。致裂煤(Z1、Z2、Z3)的总孔体积分别为 0.096 3 cm^3/g、0.165 0 cm^3/g、0.136 2 cm^3/g，累计退汞量(有效孔体积)为 0.038 3 cm^3/g、0.064 1 cm^3/g、

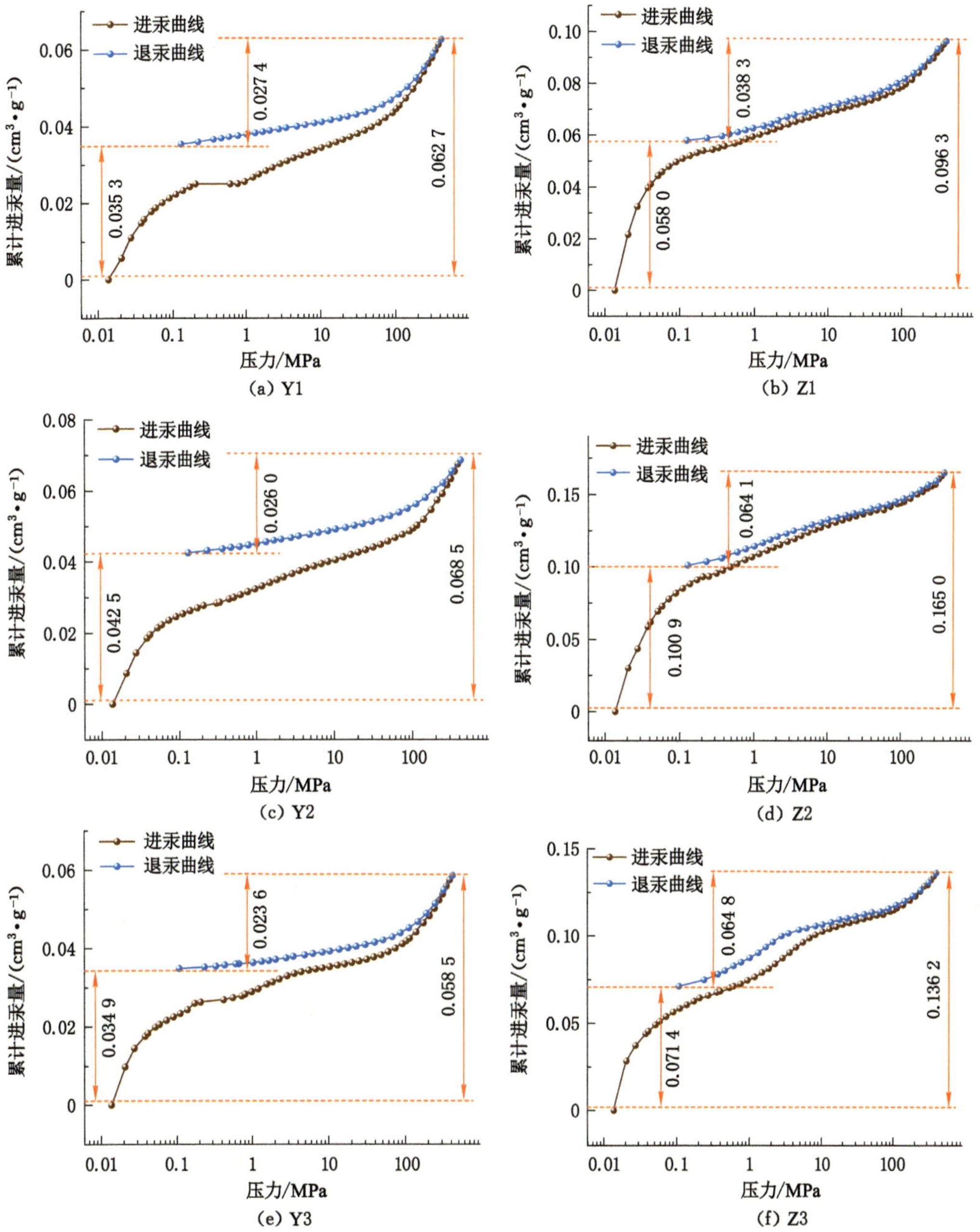

图 4-7　致裂前后煤样的进退汞曲线

0.064 8 cm^3/g,无效孔占比为 60.2%、61.2%、52.4%。可以看到,虽然致裂煤中总孔体积变大、有效孔体积增大,但无效孔占比变化不大,这说明致裂作用不仅产生了大量开放型孔隙,也产生了大量的半封闭型和封闭型孔隙。

(2) 低温氮吸附试验

低温氮吸附法是一种依靠氮的等温吸附曲线测定孔隙比表面积与孔径分布的方法。低温氮吸附法对比压汞法在测定微孔时由于不会对孔隙结构造成破坏而具有优势,同时在微孔的描述上其结果较为准确。在液氮温度下,氮气的相对压力(p/p_0)与氮气在固体表面的吸附量 V(mL/g)呈正相关关系。其中,p 代表氮气分压,MPa;p_0 代表液氮温度下氮气的饱和蒸气压,MPa。在液氮温度下,当 p/p_0 处于 0.05~0.35 之间时,氮气的吸附量与相对压力符合多分子层吸附方程(Brunauer-Emmett-Teller,BET),由此可得出比表面积;当 $p/p_0 \geqslant 0.45$ 时,就会有毛细凝聚现象出现,氮气开始在微孔中凝聚,以此为理论基础通过试验分析就可测定孔体积与孔径分布。计算比表面积的 BET 公式如下:

$$\frac{X}{V}=(1-X)\frac{1+(c-1)}{V_m c} \tag{4-12}$$

$$X=\frac{p}{p_0}$$

式中 V——平衡压力为 p 时所需的氮气吸附量,mL/g;

V_m——多点法待测材料单位质量表面形成单分子层所需的吸附量,mL/g;

c——与吸附质汽化热有关的 BET 常数。

表 4-8 是低温氮吸附试验结果。第一次试验的 BET 比表面积范围为 2.169 9~2.810 8 m^2/g,孔体积范围为 0.004 0~0.005 2 mL/g,二氧化碳致裂后三组煤样的比表面积小于原煤,而孔体积均大于原煤。其中,从 BET 比表面积来看,YM 煤样的比表面积最大,为 2.810 8 m^2/g,2m 煤样的比表面积最小,为 2.169 9 m^2/g。2m 煤样的比表面积相对 YM 煤样的比表面积减小了 22.8%,1m 煤样与 3m 煤样较 YM 煤样比表面积分别减小了 16.9% 与 14.5%。二氧化碳致裂后三组煤样孔体积均大于原煤孔体积,且二氧化碳致裂后煤样的孔体积是原煤的 1.175~1.3 倍。同样三组二氧化碳致裂后煤样的平均孔直径均大于原煤平均孔直径,且二氧化碳致裂后煤样的平均孔直径是原煤的 1.169~1.464 倍。

表 4-8 低温氮吸附试验结果

煤样名称	BET 比表面积/($m^2 \cdot g^{-1}$)	孔体积/($mL \cdot g^{-1}$)	平均孔直径/nm
YM	2.810 8	0.004 0	8.54
1m	2.335 8	0.005 2	12.50
2m	2.169 9	0.004 7	12.17
3m	2.404 3	0.005 2	9.98

绘制第一次取样二氧化碳致裂前后 4 组煤样的低温氮吸附曲线,如图 4-8 所示。可以看出,1m 煤样吸附体积最大,2m 煤样次之,3m 煤样与原煤煤样较为接近。在低温氮吸附试验中,根据固体是否产生滞后环将孔隙类型划分为 3 类:第Ⅰ类是开放型孔,此类孔的代表有两端开放的管状毛细孔与平行狭缝状的毛细孔,开放型孔的特点是有利于瓦斯的运移,同时能够产生吸附回线;第Ⅱ类是一端封闭型孔,此类孔的代表有一端封闭的平行板状孔、一端封闭的楔形孔、一端封闭的圆筒形孔与一端封闭的平行狭缝孔,此类孔的特点是有利于瓦斯的储集,但不能产生吸附回线;第Ⅲ类是墨水瓶形孔,由于其口小肚大的结构特点,能产生吸附回线,同时在解吸等温线上有一个明显的向下拐点。如图 4-9 所示,IUPCA 在进行大量研究的基础上将滞后环分为 H1—H4 四种类型。其中 H1 为通孔模型,可以认为是圆筒孔。H2 型的特点为滞后环较为宽大,其吸附曲线平稳上升,而脱附曲线较吸附曲线陡峭。H3 型的特点是滞后环较为狭小,在相对压力较低的阶段,吸附曲线与脱附曲线相对平

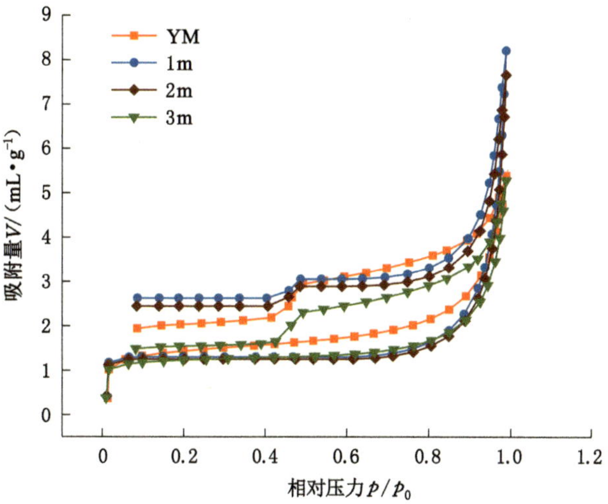

图 4-8　煤样低温氮吸附曲线

行，在接近饱和蒸气压时由于发生毛细凝聚吸附曲线陡然上升。H4 型较 H3 型吸附量减少，区别于粒子堆集，存在一些类似由层状结构产生的孔。将图 4-8 与图 4-9 对比，发现 YM 与 3m 煤样的脱附等温线存在明显拐点，所以将 YM 与 3m 煤样划分为 H2 型，将 1m、2m 煤样划分为 H3 型。

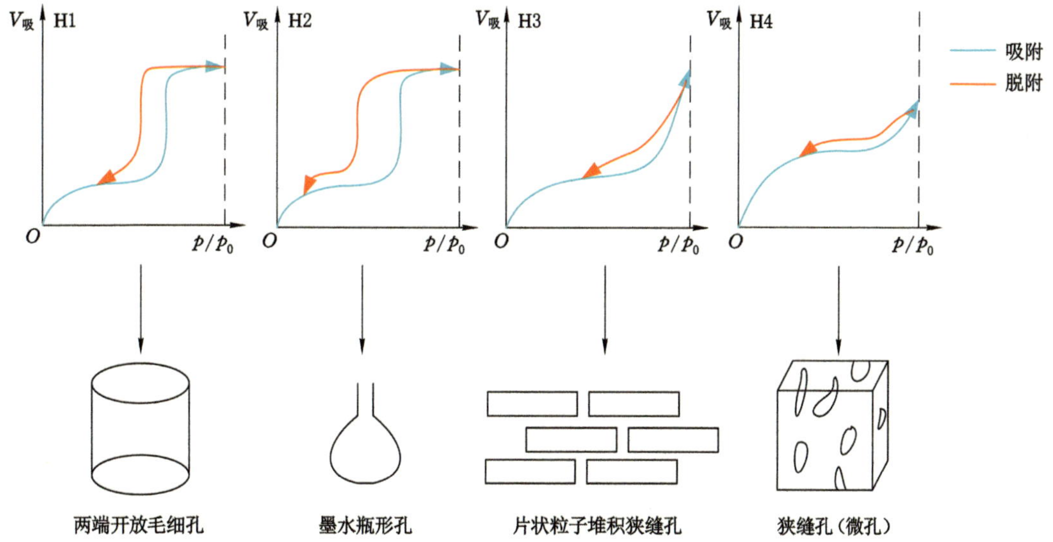

图 4-9　吸附-解吸滞后环分类

第二次取样的低温氮吸附曲线如图 4-10 所示。

根据吸附等温线类型，将原煤和致裂煤的吸附等温线看作 H1 和 H4 型吸附等温线的结合体。以相对压力将吸附等温线划分为低压（0～0.1）、中压（0.2～0.8）、高压（0.9～1）三个阶段。其中在低压阶段，所有煤样的吸附等温线迅速上升，对应 H2 型吸附等温线的低压阶段，此阶段 N_2 分子在煤体微孔结构中发生微孔填充吸附行为，表明煤中存在大量的微孔

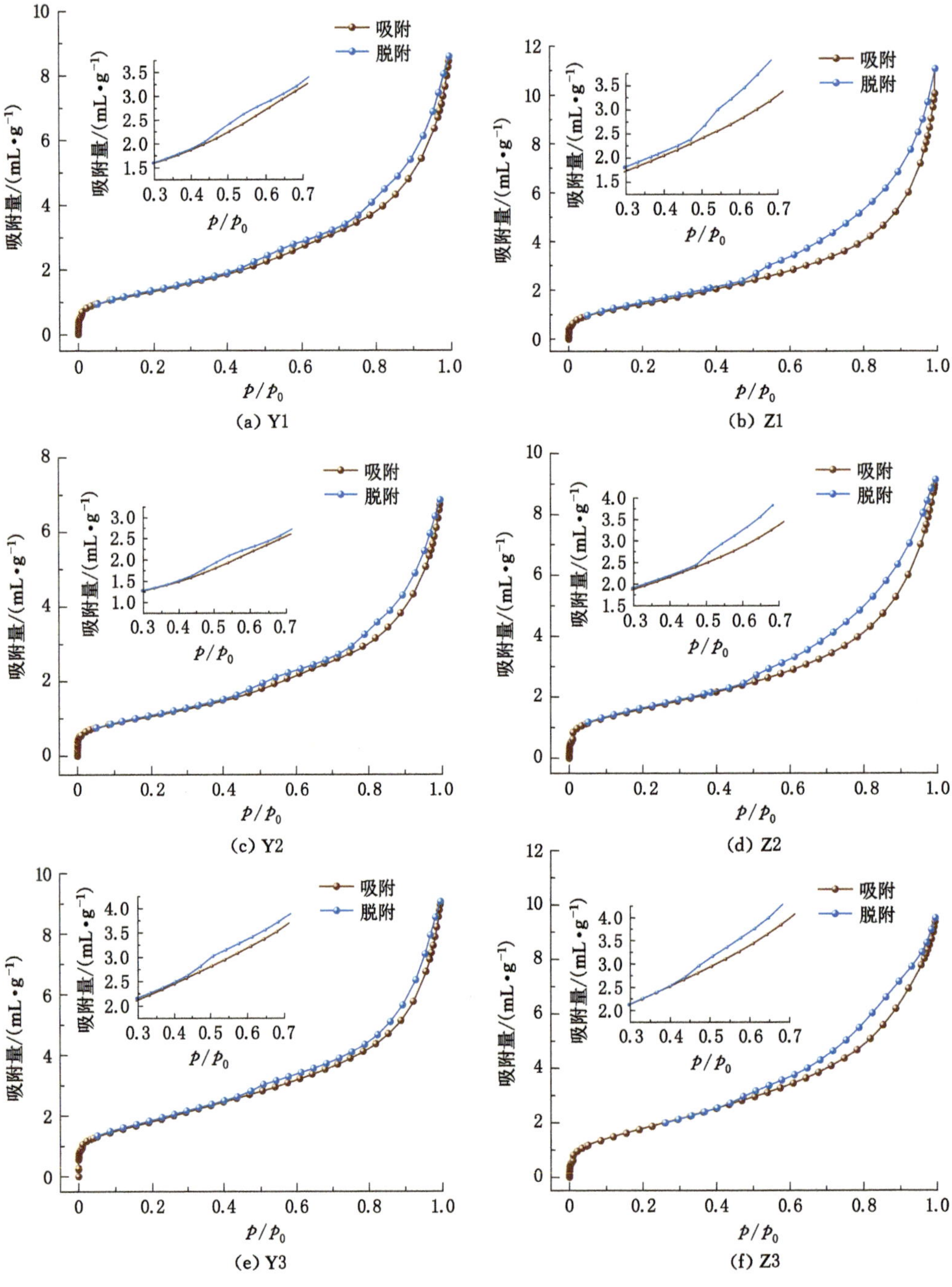

图 4-10　煤样低温氮吸附曲线

结构。随着相对压力的增加，微孔填充行为结束，进入中压阶段，在此阶段 N_2分子在中孔和大孔孔隙表面开始发生单层吸附、多层吸附和毛细凝聚行为。滞后环的形成往往是由于吸附剂分子在吸附过程中产生了毛细凝聚现象，与 H4 型吸附等温线中压阶段相对应，表明煤基质中存在大量 4 nm 大小的中孔孔隙结构。在高压阶段，随着相对压力增大，煤样的吸附等温线呈现快速上升趋势，此时煤中的大孔隙发生多层吸附，吸附量急剧上升，与 H2 型吸附等温线的高压阶段相对应，这表明煤样中存在大量大于 300 nm 的大孔孔隙结构。对比原煤和致裂煤的低温氮吸附等温线发现，原煤（Y1、Y2、Y3）的低温氮吸附量分别为 8.586 mL/g、6.851 mL/g、9.057 mL/g；致裂煤（Z1、Z2、Z3）的低温氮吸附量分别为 11.062 mL/g、9.134 mL/g、9.511 mL/g。致裂煤在中压和高压区的吸附量明显高于原煤，这说明经过 CO_2 相变致裂后煤体的中孔和大孔隙数量增多。

根据低温氮吸附等温线不仅可以了解煤样的孔隙尺寸信息，还可以根据其滞后环的类型和大小推测煤样中孔隙结构的形态和排列方式等特征。原煤和致裂煤的滞后环形状主要呈现 H3 型，并带有部分 H4 型特征，这说明煤中孔隙可能以片状结构、板状颗粒聚集体产生的狭缝和窄缝状孔隙为主。所有煤样在 $p/p_0=0.4\sim0.5$ 时的滞后环呈现 H2 型，这说明煤体存在墨水瓶形孔隙结构。其中，致裂煤的 H2 型滞后环特征比原煤的更明显，这说明经过二氧化碳相变致裂后煤中可能产生了大量墨水瓶形孔隙结构。

（3）扫描电镜试验

基于第一次取样低温氮吸附与压汞试验的结果都是对二氧化碳致裂前后孔隙变化的定量描述，为了更好地观测二氧化碳致裂前后煤样孔隙的增长发育情况，使用扫描电镜法对 YM、1m、2m 与 3m 煤样进行观测和定性描述。图 4-11 是原煤与二氧化碳致裂后煤样在 1 000 倍率下扫描电镜测试结果。通过观察发现，二氧化碳致裂前煤样孔隙表面较为平整，二氧化碳致裂后有较为明显的孔隙发育，孔隙的连通性得到加强。同时从图上看，孔隙多呈现平行狭缝状，这与低温氮吸附试验结果较为吻合，说明二氧化碳致裂会使原有孔隙向通孔类型发展。同时，从煤样孔隙裂纹变化可以看出，距离二氧化碳致裂孔最近的 1m 煤样裂纹贯通，2m 煤样存在较多细小孔隙裂纹，3m 煤样细小孔隙裂纹较 2m 煤样孔隙裂纹减少，不过对比 YM 煤样还是可以看出 3m 煤样孔隙裂纹有所发育。从孔隙裂纹发育综合来看，距离二氧化碳致裂孔最近的 1m 煤样裂纹扩展发育较好；随着与二氧化碳致裂孔距离的增大，2m 与 3m 煤样孔隙裂纹扩展发育逐渐减弱。这说明随着二氧化碳致裂距离的增加，二氧化

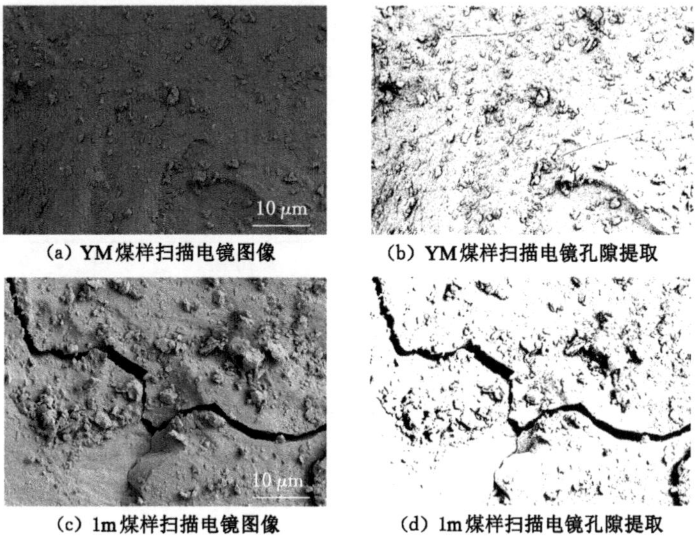

(a) YM煤样扫描电镜图像　(b) YM煤样扫描电镜孔隙提取

(c) 1m煤样扫描电镜图像　(d) 1m煤样扫描电镜孔隙提取

图 4-11　二氧化碳致裂前后煤样扫描电镜测试结果

(e) 2m煤样扫描电镜图像

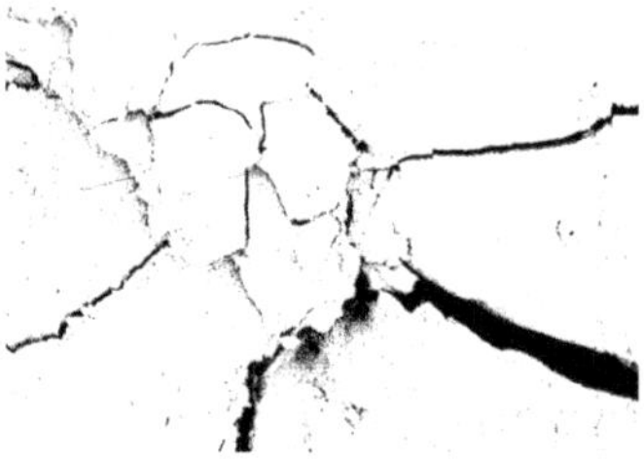

(f) 2m煤样扫描电镜孔隙提取

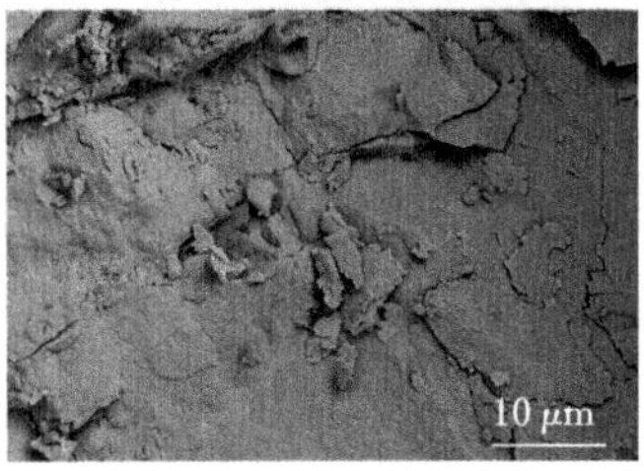

(g) 3m煤样扫描电镜图像

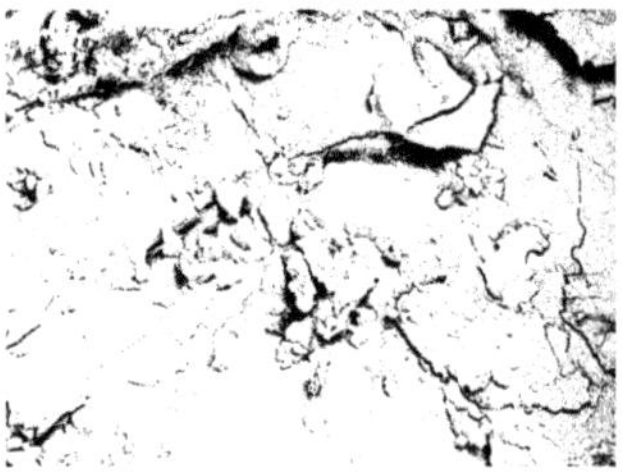

(h) 3m煤样扫描电镜孔隙提取

图 4-11(续)

碳致裂效果逐渐减弱，但在二氧化碳致裂距离内，孔隙扩展发育较好，有利于煤岩内瓦斯的解吸与运移。

基于 Image-J 软件可以提取到二氧化碳致裂前后的表面孔隙参数，如表 4-9 所示。表 4-9 中列举了平均孔隙面积、面孔率和等效圆直径等平面孔隙参数，且三种参数均呈现二氧化碳致裂后的孔隙数据大于致裂前的孔隙数据。从平均孔隙面积来看，二氧化碳致裂前最小，为 5.499 67 nm^2，二氧化碳致裂后 1m 煤样的最大，为 21.911 45 nm^2，2m 煤样与 3m 煤样的分别为 19.474 94 nm^2 与 12.440 52 nm^2；从面孔率来看，同样二氧化碳致裂前最小，为10.368 19%，二氧化碳致裂后 1m 煤样的最大，为11.333 61%，而 2m 与 3m 煤样的逐渐减小，分别为 10.717 93% 与 10.551 75%；从等效圆直径来看，依然是原煤煤样最小，为 2.422 35 nm，而 1m 煤样的最大，为 4.102 61 nm，2m 与 3m 煤样的依次减小，分别为 3.791 98 nm 和 3.195 24 nm。从扫描电镜得到的平面孔隙参数变化数据可以直观地看到二氧化碳致裂对煤岩的影响效果，且这种影响效果随着二氧化碳致裂距离的增加而不断减小。

表 4-9　煤样扫描电镜提取结果

煤样编号	平均孔隙面积/nm^2	面孔率/%	等效圆直径/nm
YM	5.499 67	10.368 19	2.422 35
1m	21.911 45	11.333 61	4.102 61
2m	19.474 94	10.717 93	3.791 98
3m	12.440 52	10.551 75	3.195 24

(4) CO_2吸附试验

第二次取样的 CO_2吸附试验利用 ASAP 2460 型全自动气体吸附分析仪完成测试。选取粒径为 0.15～0.2 mm 的煤样进行 CO_2 吸附测试。CO_2吸附测试也是基于物理吸附行为表征煤样的孔隙结构，与低温氮吸附主要区别在于试验测试时所使用的温度和压力范围不同。在 CO_2 吸附测试前，先对煤样进行干燥脱气处理，然后在 273 K 条件下测试相对压力范围为 $3\times10^{-5}\sim0.03$ 时的 CO_2 吸附数据。原煤和致裂煤的 CO_2 吸附数据，如图 4-12 所示。

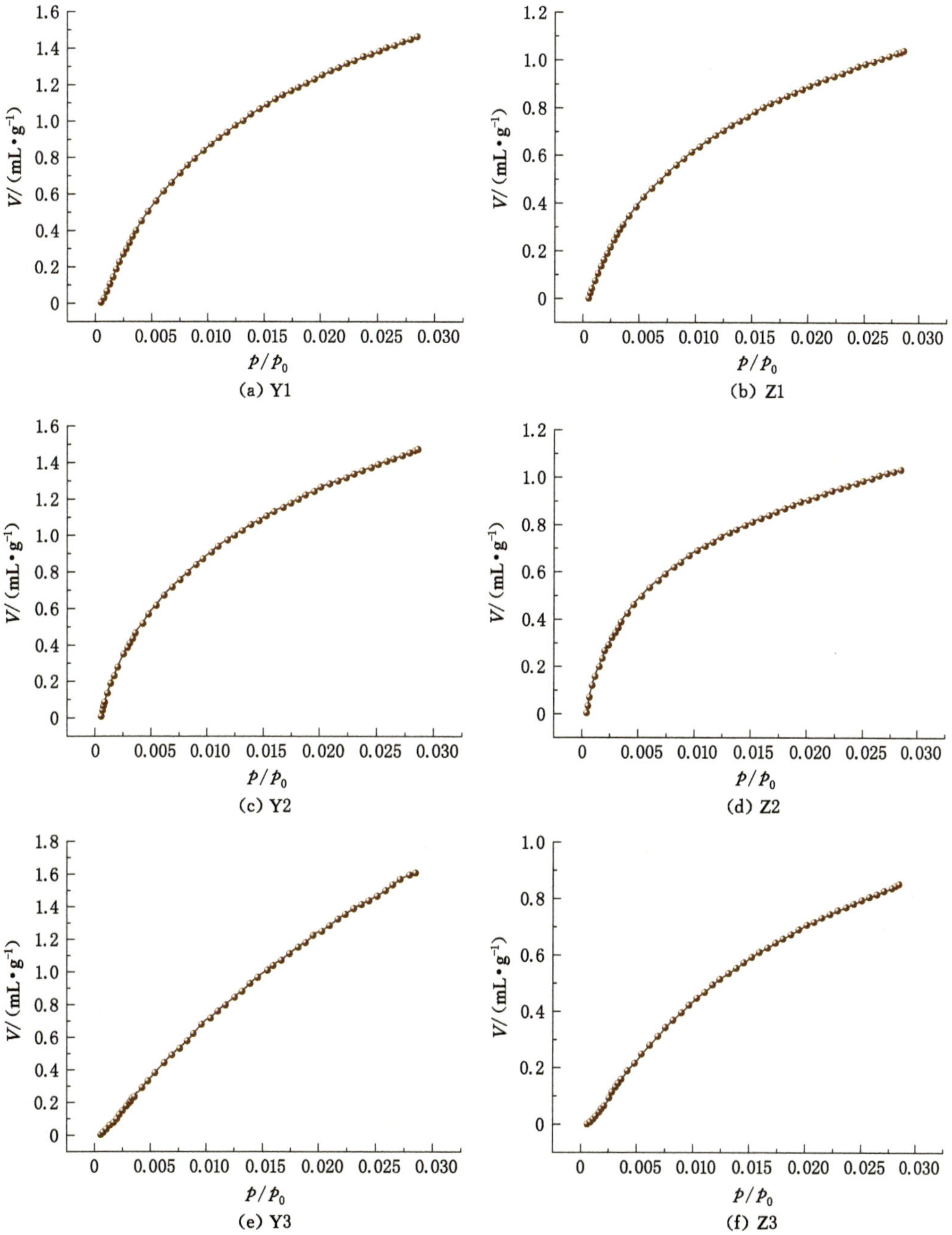

图 4-12　煤样的低压 CO_2(273 K)吸附等温线

原煤和致裂煤的 CO_2 吸附等温线形状相似，都随压力的增加呈现外凸弧形，属于 H1 型吸附等温线，这说明煤中的微孔结构丰富。当相对压力取 0.03 时，原煤(Y1、Y2、Y3)的吸附量分别为 1.464 0 mL/g、1.472 3 mL/g、1.608 2 mL/g，致裂煤（Z1、Z2、Z3）的吸附量分别为 1.040 8 mL/g、1.033 2 mL/g、0.852 4 mL/g，致裂煤的吸附量低于原煤，这表明原煤经过 CO_2 致裂后微孔数量减少，进一步发育为中孔，可吸附的表面积减小。

4.1.3.3　二氧化碳致裂对煤岩孔隙影响

第一次取样的二氧化碳致裂前后煤样的孔径分布如图 4-13 所示。由图 4-13 可以看出，二氧化碳致裂前原煤孔径分布是“双峰”结构，即孔径为 10 000～100 000 nm 和 1～10 nm时的孔隙含量较多，孔径为 10～10 000 nm 时的孔隙含量较少。二氧化碳致裂后，1m、2m 与 3m 煤样的孔径分布呈明显的“单峰”结构，即孔径为 10 000～100 000 nm 时的孔隙含量明显上升，特别是 1m 煤样上升得最多。同时，二氧化碳致裂后 3 份煤样孔径为 10～10 000 nm 时的孔隙含量也存在上升趋势。

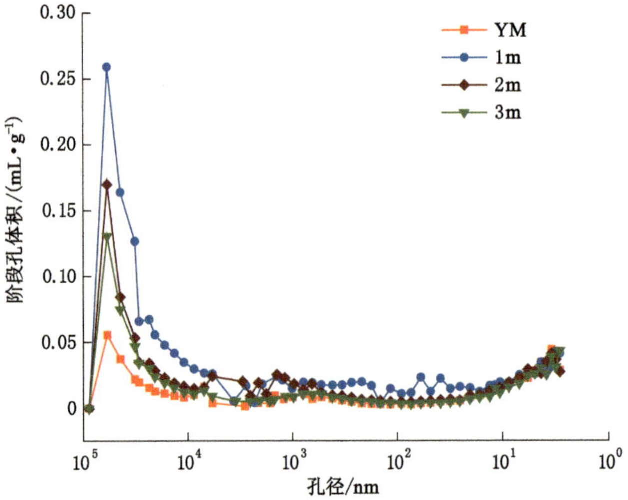

图 4-13　压汞法煤样孔径分布

为了更好地观察二氧化碳致裂前后煤样孔隙的孔径变化，分别对原煤与二氧化碳致裂后的煤样进行孔径分布测试，所得结果如图 4-14 所示。图中，左纵坐标 L 代表孔体积，mL/g；横坐标 d 代表孔径，nm；右纵坐标 $\Delta L/\Delta d$ 代表一定孔径范围内的孔体积，反映了不同孔径的孔隙的发育程度，mL/(g·nm)。由图 4-14 可以看出，二氧化碳致裂前后微孔的最可几孔径主要集中在 3～4 nm。图 4-14(a)中微孔的最可几 $\Delta L/\Delta d$ 达 0.002 8 mL/(g·nm)，此时小孔与中孔相对微孔并不占优势。图 4-14(b)与图 4-14(c)中，微孔的最可几 $\Delta L/\Delta d$ 达 0.000 4～0.000 67 mL/(g·nm)，二氧化碳致裂后，微孔的数量大幅减少，减少幅度为 76.07%～85.71%。同时小孔与中孔受二氧化碳致裂影响，有增多趋势。对比图 4-14(b)与图 4-14(c)，图 4-14(b)所示距离二氧化碳致裂孔最近的煤样微孔减少得最多，小孔与中孔发育得最多；而图 4-14(c)所示距离二氧化碳致裂孔较近的煤样微孔相较图 4-14(b)所示煤样减少得较少，小孔与中孔也发育较少。图 4-14(d)中，微孔的最可几 $\Delta L/\Delta d$ 又恢复到与图 4-14(a)煤样接近的微孔水平，达 0.003 2 mL/(g·nm)，同时小孔与中孔的变化趋势几乎与图 4-14(a)煤样的相同，这说明二氧化碳致裂范围有限。

由图 4-14 中各煤样累计孔体积变化也可以看出原煤的微孔受二氧化碳致裂影响。其

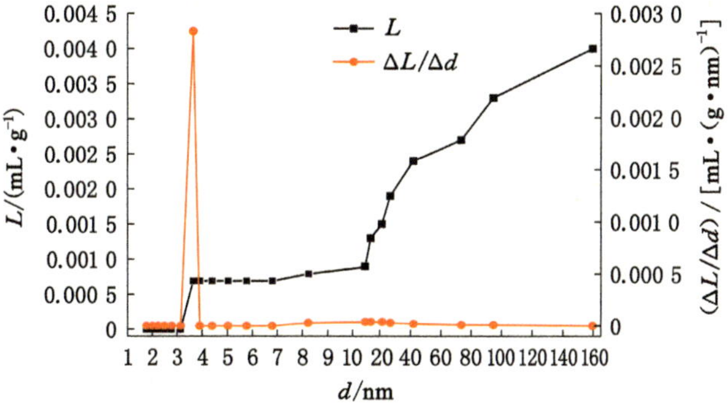

(a) YM

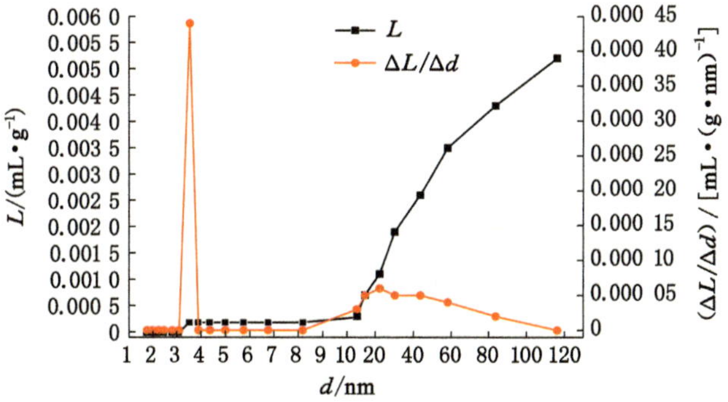

(b) 1m

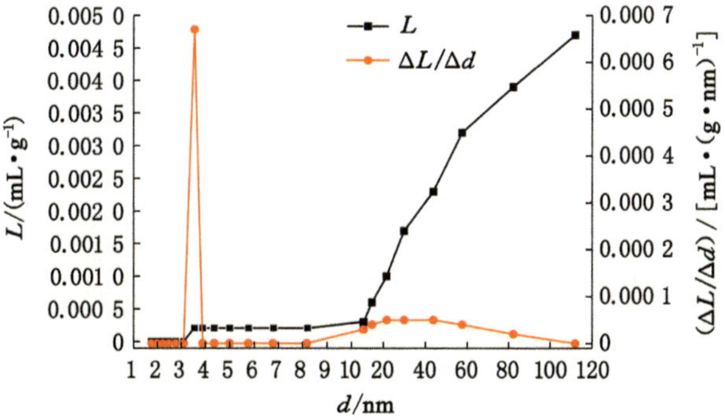

(c) 2m

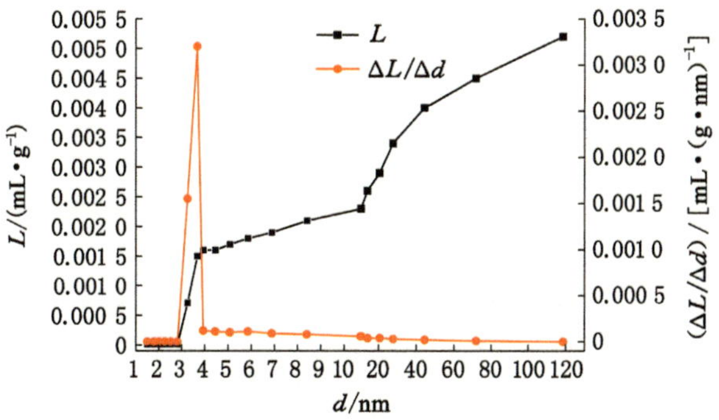

(d) 3m

图 4-14　低温氮吸附法煤样孔径分布

变化趋势可以按照孔径划分为两部分。一是在微孔段，原煤受二氧化碳致裂影响微孔段累计孔体积先减小，而后由于二氧化碳致裂效果减弱微孔段累计孔体积又逐步增大。二是在介孔与大孔段，存在相反趋势，介孔与大孔累计孔体积先增大后逐步减小。

比较图 4-13 与图 4-14 的微孔孔径分布情况发现，压汞法与低温氮吸附法所测得的微孔体积差距较大，原因在于压汞法在测孔径 1～10 nm 的微孔时外部所需压力超过 100 MPa，最高压力达 417 MPa。由于外部进汞压力过大，此时试验结果的准确性会受到煤基质的压缩性影响。为了更加准确地研究二氧化碳致裂对煤岩孔隙的影响，需要将压汞法与低温氮吸附法试验结果进行综合研究，笔者按照霍多特分类方案进行孔隙类型划分：将孔径＜10 nm 的孔隙划分为微孔，将孔径为 10～＜100 nm 的孔隙划分为小孔，将孔径为 100～＜1 000 nm 的孔隙划分为中孔，将孔径≥1 000 nm 的孔隙划分为大孔。

按照 Li 所提供的方法，可将具有压缩性的多孔介质的压汞试验所测孔体积增量表述为：

$$\Delta V_{obs} = \Delta V_p + \Delta V_c \tag{4-13}$$

式中 ΔV_{obs}——孔体积增量；

ΔV_p——孔隙内部汞液填充体积；

ΔV_c——煤基质压缩所产生的孔体积增量。

由于存在煤基质压缩而产生的人造空间 ΔV_c，所以 ΔV_p 为真正的微孔汞液填充体积，但实际上 ΔV_p 无法获取，所以利用低温氮吸附法与压汞法对二氧化碳致裂前后煤样孔径分布进行联合表征。Clarkson 与 Kuila 等在大量试验的基础上将压汞试验所测孔隙孔径有效范围定为大于 50 nm。对于低温氮吸附试验来说，其模型基础来自毛细管凝聚与Kelvin 方程，主要用于表征 2～50 nm 孔径孔隙。所以笔者采用低温氮吸附 2～50 nm 的孔径分布与压汞 50 nm 以上的孔径分布进行联合表征，其结果如图 4-15 所示。

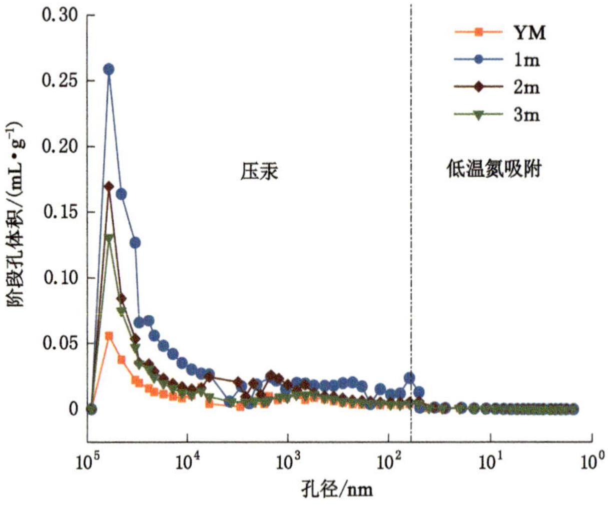

图 4-15 煤样全孔隙分布

图 4-15 反映了较为真实的二氧化碳致裂前后 4 份煤样的孔径分布情况。1m、2m 和 3m 煤样的孔径为 10 000～100 000 nm 时的孔隙有较为明显的增长，同时孔径为40～

10 000 nm 时的孔隙受二氧化碳致裂影响也有增长，孔径为 10～40 nm 时的孔隙增长不明显；且距离二氧化碳致裂孔最近的 1m 煤样孔隙发育扩张得最多，随着与二氧化碳致裂孔距离的增加，二氧化碳致裂所产生的冲击能量对孔隙作用减弱，所以 2m 和 3m 煤样的大孔与中孔孔隙含量出现回落情况。

现有的煤岩孔隙研究认为，煤岩中存在两种类型的孔隙：一种是扩散孔隙，其特点是孔径小于 100 nm，也就是说其主要类型是微孔与小孔，其孔隙内表面是瓦斯吸附的主要场所，同时也是瓦斯向中孔与大孔扩散的通道；另外一种是渗流孔，其特点是孔径大于 100 nm，也就是说其主要类型是中孔与大孔，其孔隙内部是瓦斯在煤层中运移的通道。联合表征后，二氧化碳致裂前后 4 份煤样的扩散孔与渗流孔分布情况如图 4-16 所示。

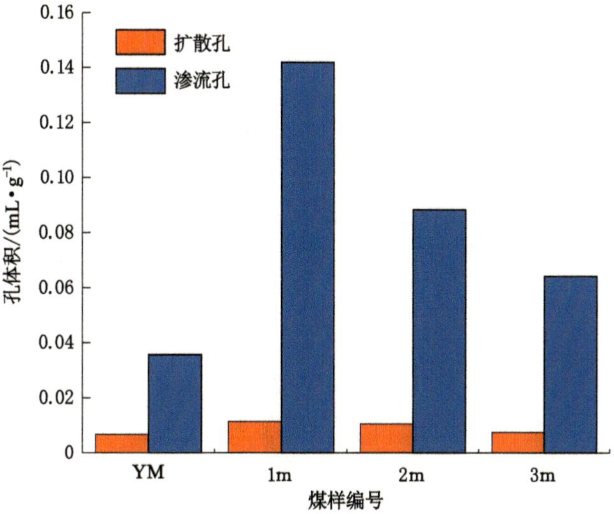

(a)

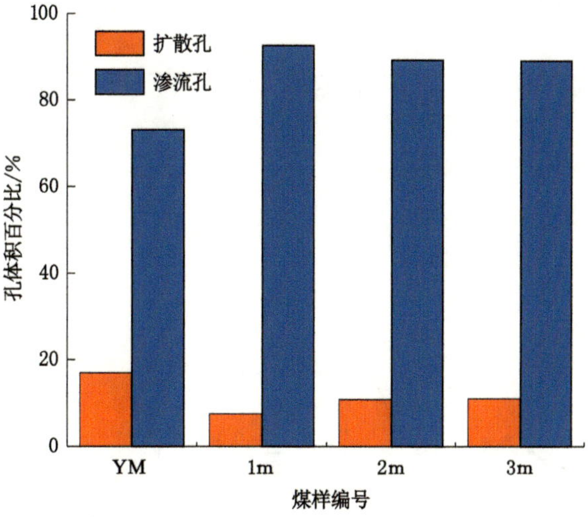

(b)

图 4-16　二氧化碳致裂前后不同类型孔隙的对比

图 4-16(a)是渗流孔与扩散孔的孔体积对比情况，可见二氧化碳致裂后煤样的扩散孔与

渗流孔孔体积都存在先增大后逐渐减小的变化过程，且渗流孔孔体积增加较为明显。图 4-16(b)由图 4-16(a)的孔体积换算而成，可见渗流孔孔体积百分比的变化过程与孔体积一致，不过扩散孔孔体积百分比的变化过程与孔体积相反。

图 4-17 所示为第二次取样原煤与致裂煤的孔径分布曲线。对比煤样的孔径分布曲线可以发现，所有煤样的阶段进汞量曲线呈现出两边凸、中间凹的双峰特征，其中致裂煤的阶

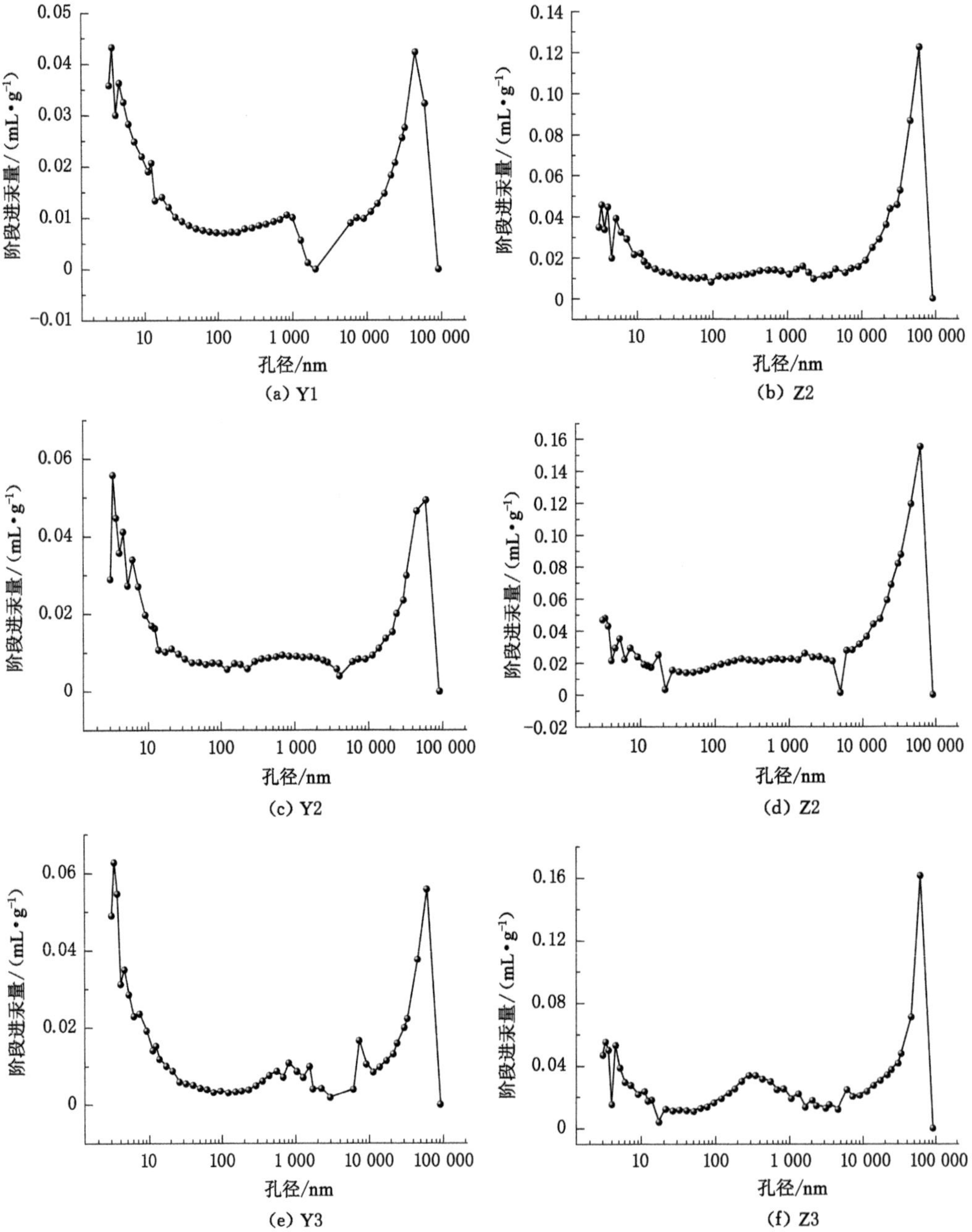

图 4-17　煤样压汞试验孔径分布

段进汞量曲线在大孔范围的峰值明显大于中孔峰值。阶段进汞量在 3.3～20 nm 范围内随孔径的增大逐渐减小。阶段进汞量在大于 10 000 nm 时随孔径的增大逐渐增大，在 60 000 nm 附近出现峰值。在中孔范围内，Y1、Y2、Y3 煤样的最可几孔径对应的阶段进汞量分别为 0.043 3 cm^3/g、0.055 8 cm^3/g、0.062 7 cm^3/g，Z1、Z2、Z3 煤样的最可几孔径对应的阶段进汞量分别为 0.045 7 cm^3/g、0.048 0 cm^3/g、0.055 2 cm^3/g。在大孔范围内，Y1、Y2、Y3 煤样的最可几孔径对应的阶段进汞量分别为 0.042 3 cm^3/g、0.049 3 cm^3/g、0.055 8 cm^3/g，Z1、Z2、Z3 煤样的最可几孔径对应的阶段进汞量分别为 0.122 4 cm^3/g、0.155 0 cm^3/g、0.161 4 cm^3/g。可以看到致裂后大孔数量明显增多，这说明煤样经过致裂后，孔隙进一步发育扩展。需要注意的是，经过致裂作用后煤体的强度会下降，这会导致高压段压汞测试中的误差加剧，也就是说，致裂煤中孔阶段的孔径分布会被高估。

国内外学者开发了多种分析模型来处理物理吸附方法所得到的等温吸附数据，不同的分析模型可以得到不同范围的孔隙结构分布特征。对于低温氮吸附数据，常用 BJH 和 DFT 分析模型。其中 BJH 模型是基于 Kelvin 毛细管凝聚理论得到的，广泛应用于中孔孔径分布的计算。但 BJH 模型在微孔和较窄的介孔表征中会产生较大的误差，一般误差可达 20%以上，这是因为 BJH 模型的基本假设与微孔、介孔的实际情况存在较大的出入。DFT 模型比较复杂，计算耗时较长，但可以有效地表征吸附剂的孔隙结构，特别是对于微孔、小孔的孔隙结构表征更加准确。大量学者对 BJH 模型和 DFT 模型在孔隙表征结果上的可靠性进行了探讨。目前普遍认为，对于同时存在微孔和中孔的多孔介质，DFT 模型的孔隙结构表征更加准确。以 Y1、Z1 煤样为例，绘制煤样的 DFT 和 BJH 孔径分布对比曲线，如图 4-18 所示。BJH 方法分析范围为 2～270 nm，煤样孔径分布曲线具有明显的单峰分布特征。DFT 方法分析范围为 0.6～33 nm，煤样孔径分布曲线具有明显的双峰分布特征。通过对比发现，BJH 孔径分布明显低于 DFT 孔径分布，误差在 20%以上，与前人研究结果相符。综上，为了获得更加可靠的孔隙结构的分布特征，本书采用 DFT 模型处理致裂前后煤样的低温氮吸附数据。

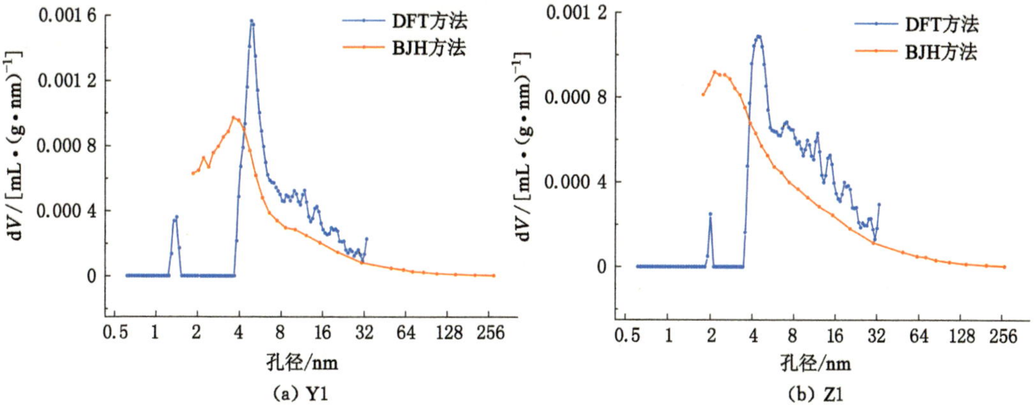

图 4-18　煤样 Y1、Z1 的 BJH 和 DFT 方法分析孔径分布的结果比较

将第二次取样的低温氮吸附数据用 DFT 方法处理，得到煤样的孔径分布曲线，如图 4-19 所示。与 BJH 方法孔径分布不同，DFT 方法的孔径分布曲线呈现双峰分布特征，煤

体孔隙结构基本都集中在 1～1.5 nm 和 4.0～10 nm 范围内，所有煤样的最可几孔径都在 4 nm 附近。随着孔径逐渐增大，阶段孔体积曲线逐渐下降，这表明煤中的孔隙结构以小尺寸孔隙结构为主。对比原煤和致裂煤发现，原煤在 4 nm 附近的波峰高于致裂煤，这表明经过致裂作用后煤体中孔径 4 nm 的孔隙数量减少。而致裂煤累计孔体积大于原煤，这进一步说明煤体在二氧化碳致裂作用下中孔孔隙结构进一步发育扩展为更大的孔隙。

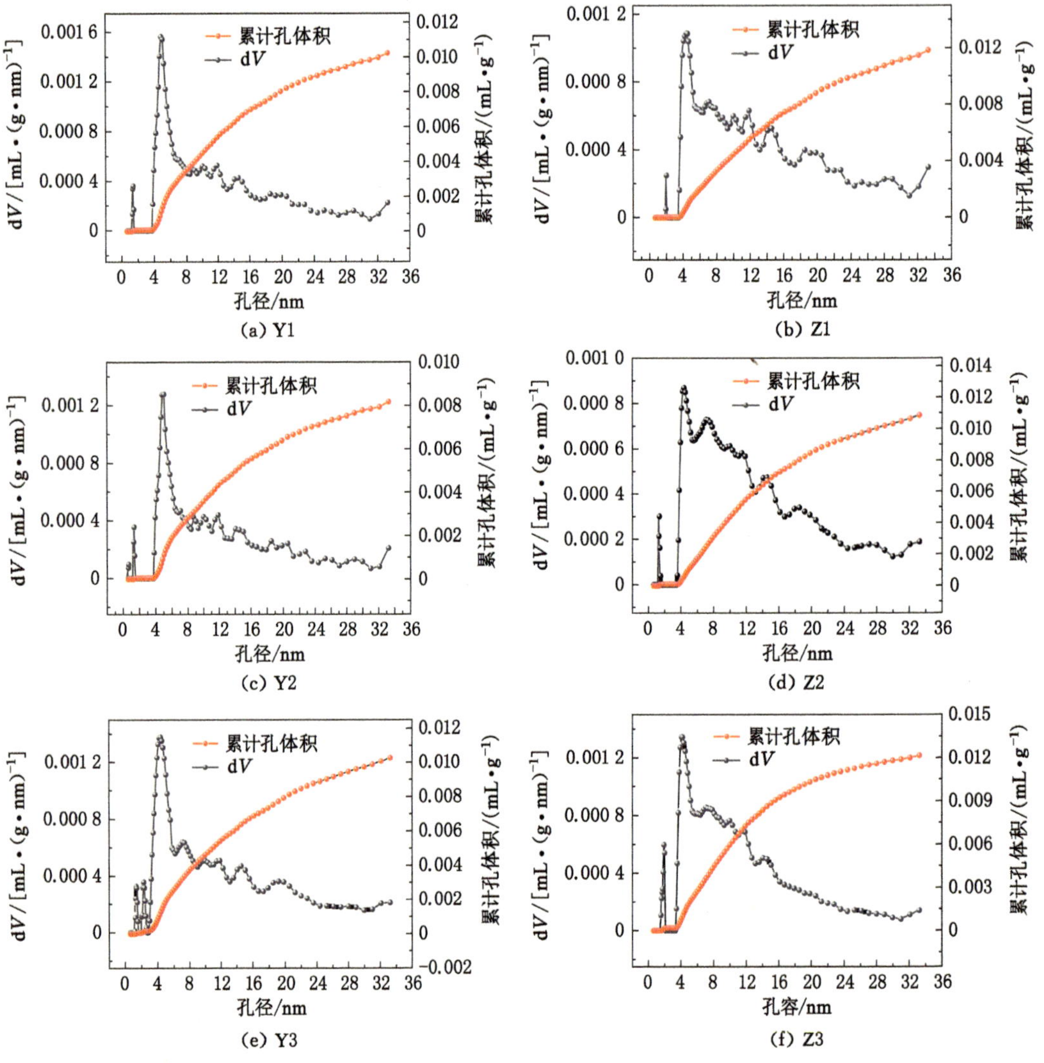

图 4-19　原煤和致裂煤的低温氮吸附 DFT 孔径分布特征

对于第二次取样 CO_2 等温吸附数据，常用分析模型有 DFT、MC、SF 以及 HK 模型等，综合考虑不同分析方法的适用情况和分析范围，本书采用 DFT 方法。煤样 CO_2 吸附数据的 DFT 孔径分布特征如图 4-20 所示，DFT 方法的拟合误差均小于 1%。根据煤样微孔孔径分布曲线可以发现，所有煤样的孔径分布曲线基本都呈现双峰分布特征，双峰分别位于 0.5 nm 和 0.8 nm 附近，主峰分布在 0.5 nm 附近。

根据煤样在 0.3～1.5 nm 范围内累计孔体积曲线，可以得到原煤(Y1、Y2、Y3)的总孔体积

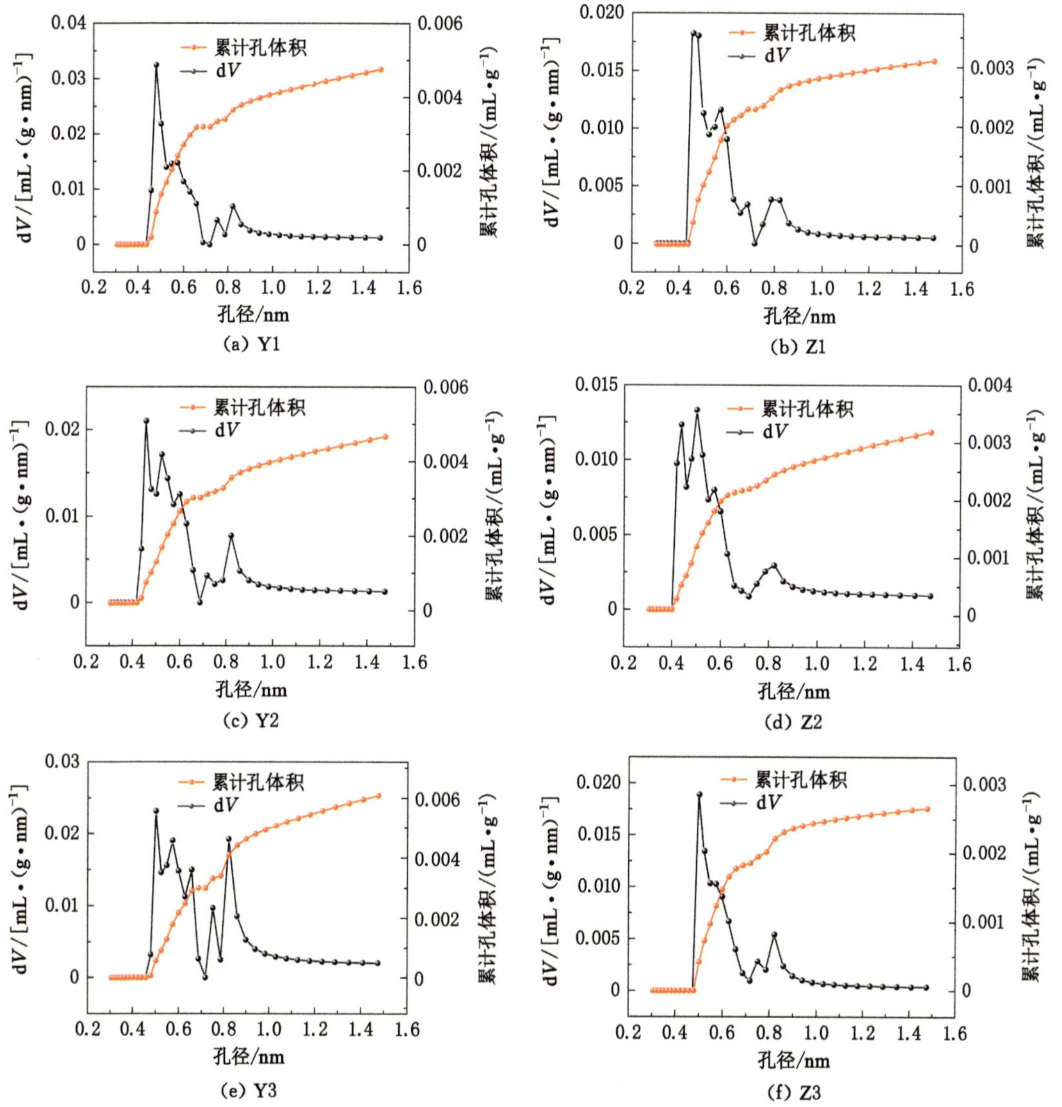

图 4-20　煤样 CO_2 吸附 DFT 孔径分布特征

分别为 0.004 8 mL/g、0.004 7 mL/g、0.006 1 mL/g，致裂煤(Z1、Z2、Z3)的总孔体积分别为 0.003 1 mL/g、0.003 2 mL/g、0.002 7 mL/g。结合煤样的阶段孔体积分布曲线发现，相较原煤，致裂煤的微孔阶段孔体积曲线都有不同程度的下降，这表明二氧化碳致裂作用会促使煤中的微孔隙发育扩展，微孔数量减少。

对第二次取样致裂前后煤样的孔隙进行定量表征，根据压汞法、低温氮吸附法、CO_2 吸附法的数据，将原煤和致裂煤的微孔、中孔和大孔的孔体积与比表面积结果汇总至表 4-10 并绘制成图，如图 4-21 所示。根据孔体积和比表面积分布图可以看到，煤样中的孔隙空间主要由大孔、中孔贡献，其孔体积占比达 87.4%以上，其中又以大孔为主，大孔孔体积占比达 66.3%～82.7%；煤样中微孔、中孔比表面积占比达 97%以上，其中又以微孔为主，微孔比表面积占比达 58.1%～80.1%。这表明煤样中存在大量微孔，为瓦斯的吸附、储集提供了大量场所。对比原煤和致裂煤可以看到，对于孔体积，致裂后煤样中孔和大孔孔体积增大，微孔孔体积减小，其中大孔孔体积增幅明显，这说明致裂作用使得煤中微孔进一步发育扩展成中孔，中孔发育为大孔。对于比表面积，致裂煤的中孔和大孔比表面积增大，微孔比表面积减小，其中微孔比表面积降幅明显，这进一步说明致裂作用促使煤中的孔隙结构发育，微孔扩展为中孔，中孔发育为大孔，大孔发育为更大的孔。

表 4-10　煤中不同尺度孔隙的孔体积和比表面积

煤样编号	微孔		中孔		大孔	
	孔体积 /($cm^3\cdot g^{-1}$)	比表面积 /($m^2\cdot g^{-1}$)	孔体积 /($cm^3\cdot g^{-1}$)	比表面积 /($m^2\cdot g^{-1}$)	孔体积 /($cm^3\cdot g^{-1}$)	比表面积 /($m^2\cdot g^{-1}$)
Y1	0.004 8	15.154	0.010 3	4.404 0	0.037 7	0.258 0
Z1	0.003 1	10.407	0.011 9	4.703 3	0.062 3	0.282 9
Y2	0.004 7	15.394	0.008 2	3.584 3	0.040 8	0.250 5
Z2	0.003 2	10.866	0.010 9	4.392 8	0.071 8	0.321 4
Y3	0.006 1	17.035	0.010 3	4.792 5	0.032 2	0.146 9
Z3	0.002 7	8.390	0.012 2	5.641 5	0.071 6	0.420 2

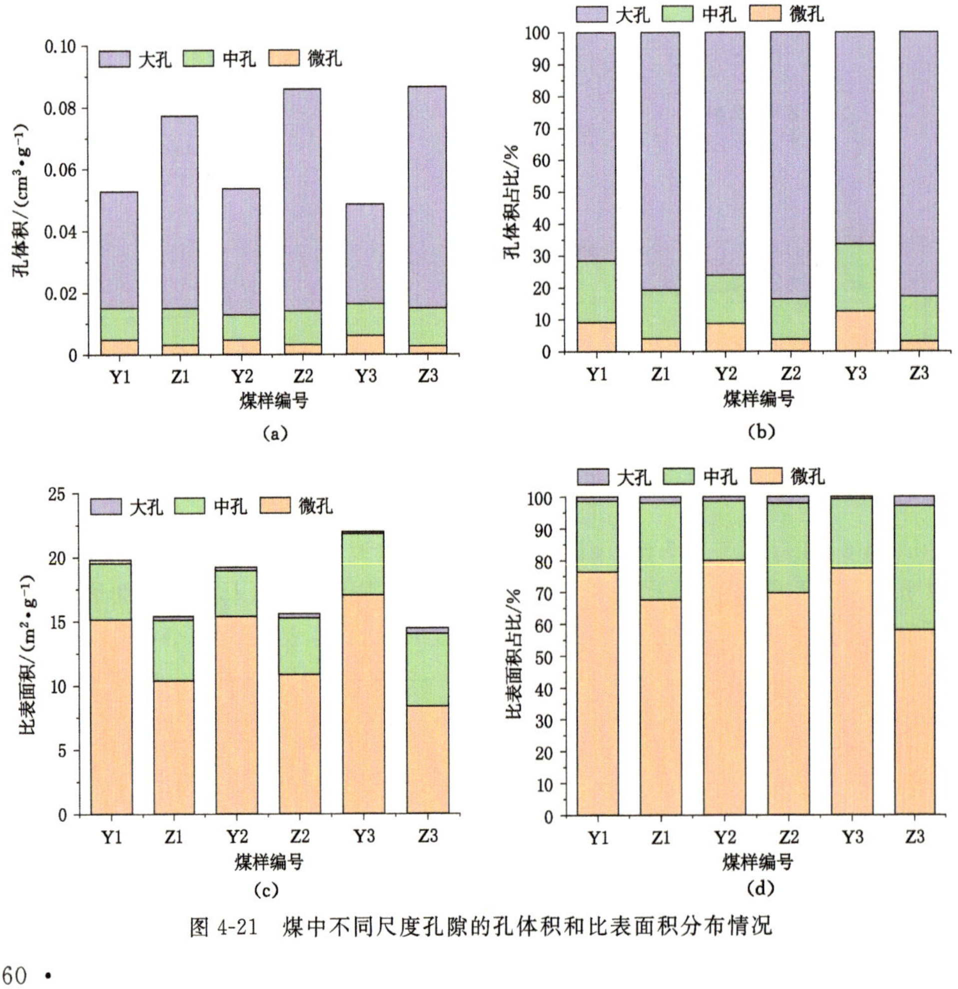

图 4-21　煤中不同尺度孔隙的孔体积和比表面积分布情况

综合来说，二氧化碳致裂实际上会迫使煤岩中全尺寸孔隙进一步发育扩张，但相对来说二氧化碳致裂具有减少微孔含量的作用。结合低温氮吸附与压汞试验结果发现，二氧化碳致裂后比表面积都具有先增大而后逐渐减小的现象，这从侧面反映二氧化碳致裂迫使微孔与小孔进一步发育。但在低温氮吸附试验中，原煤的脱附等温线有明显拐点，这说明原煤微孔与小孔多为墨水瓶形结构。另外，从压汞试验进退汞曲线的开合程度来看，二氧化碳致裂后煤样的孔隙开放程度更好。结合来看，二氧化碳致裂迫使墨水瓶形微孔与小孔转化为开放型的微孔与小孔，所以二氧化碳致裂会破坏瓦斯的储集场所，使其转化为有利于瓦斯在煤岩中运移的通道。

4.1.4　通过分形理论认识二氧化碳致裂效果

4.1.4.1　分形维数计算

(1) 压汞试验

根据第一次取样压汞试验进汞曲线数据，采用 Menger 模型与热力学模型分别绘制 $\ln(\mathrm{d}V/\mathrm{d}p)$-$\ln p$ 双对数曲线、$\ln(W_n/r_n^2)$-$\ln Q_n$ 双对数曲线，分别如图 4-22 与图 4-23 所示。

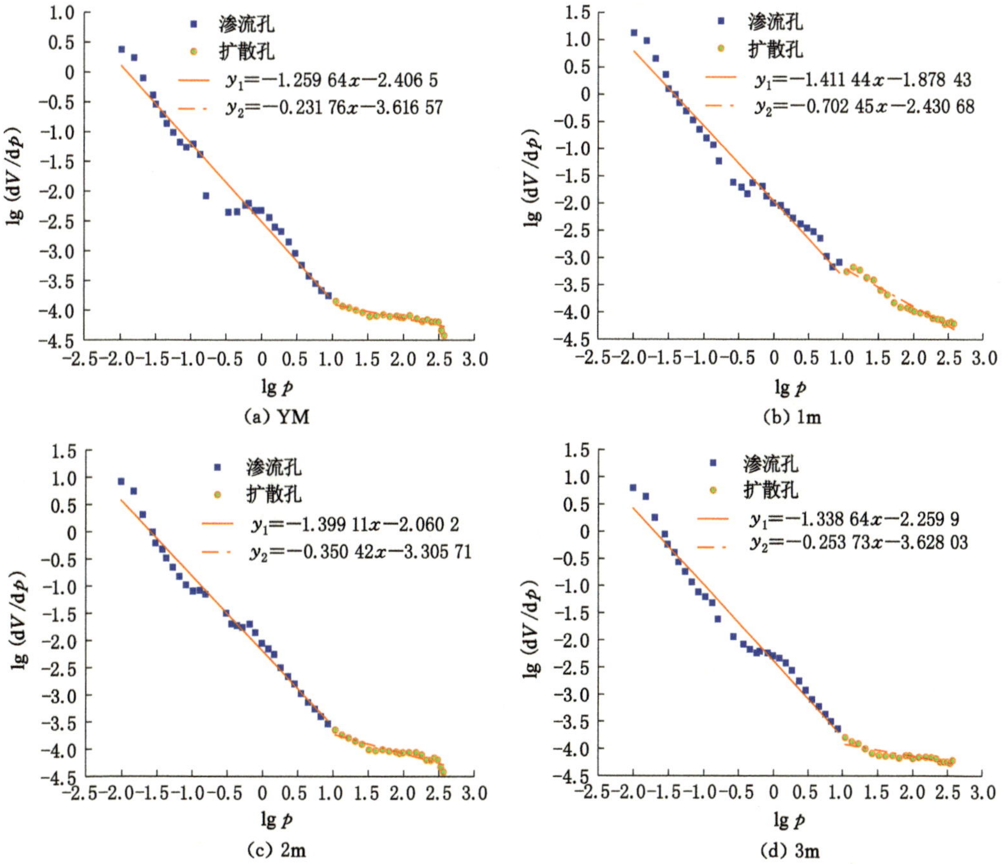

图 4-22　Menger 模型分形曲线

由表 4-11 所列的分形维数的变化看，Menger 模型的渗流孔隙分形维数变化范围为 2.588 56～2.740 36，扩散孔隙分形维数变化范围为 3.297 55～3.768 24；热力学模型分形维数变化范围为 2.699 16～2.785 08。从变化趋势上来看，二氧化碳致裂前原煤的分形维

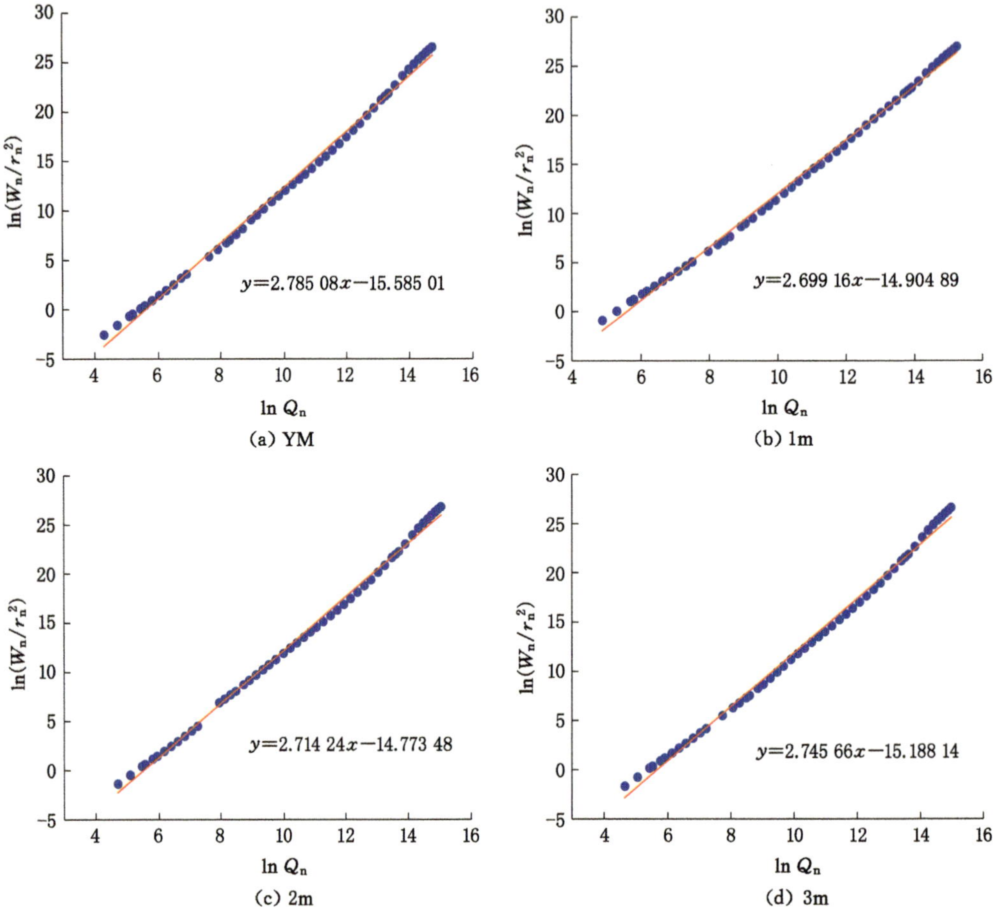

图 4-23　热力学模型分形曲线

数均大于二氧化碳致裂后煤样的分形维数，原煤中孔隙的分形维数在两个模型下都是最大的，这说明原煤孔隙内表面粗糙、非均质性强；二氧化碳致裂后，距离二氧化碳致裂孔较近的1m煤样分形维数较原煤分形维数明显减小，在 Menger 模型与热力学模型中 1m 煤样的分形维数最小说明二氧化碳致裂会使孔隙内表面趋于光滑，均质性得到加强；随着与二氧化碳致裂孔距离的增加，在两个模型中，2m 与 3m 煤样的分形维数逐步上升，其中 3m 煤样的分形维数与原煤分形维数较为接近。分形维数先减小再逐步增大的原因是，二氧化碳致裂所产生的冲击随着与二氧化碳致裂孔距离的增大，其作用效果会逐渐减弱直至完全消失。

表 4-11　压汞试验煤岩样品的基本参数与分形维数

样品编号	Menger 模型				热力学模型	
	D_{m1}	R_1^2	D_{m2}	R_2^2	D_r	R^2
YM	2.740 36	0.969 99	3.768 24	0.818 04	2.785 08	0.996 06
1m	2.588 56	0.980 79	3.297 55	0.888 25	2.699 16	0.997 32
2m	2.600 89	0.968 73	3.649 58	0.945 98	2.714 24	0.996 93
3m	2.661 36	0.971 86	3.746 27	0.786 73	2.745 66	0.995 46

在 Menger 模型中，扩散孔隙分形维数均大于 3，虽然在变化趋势上与渗流孔隙、热力学模型等的分形维数变化趋势相同，但并无实际表征意义，这是由于高压压汞所造成的孔隙压裂导致孔隙内表面粗糙，而采用热力学模型计算全孔径段分形维数则可降低高压段下煤基质变形所带来的影响，从而使得计算结果具有实际表征意义。

根据第二次取样的压汞数据，以 lg p_c 为横坐标，以 lg$(1-S_{Hg})$ 为纵坐标绘制曲线，得到致裂前后煤样压汞数据的分形特征，如图 4-24 所示。对不同类型孔隙的分形特征进行分段拟合，然后根据拟合曲线的斜率即可获得不同阶段孔隙结构的分形维数，分形维数结果汇总至表 4-12。

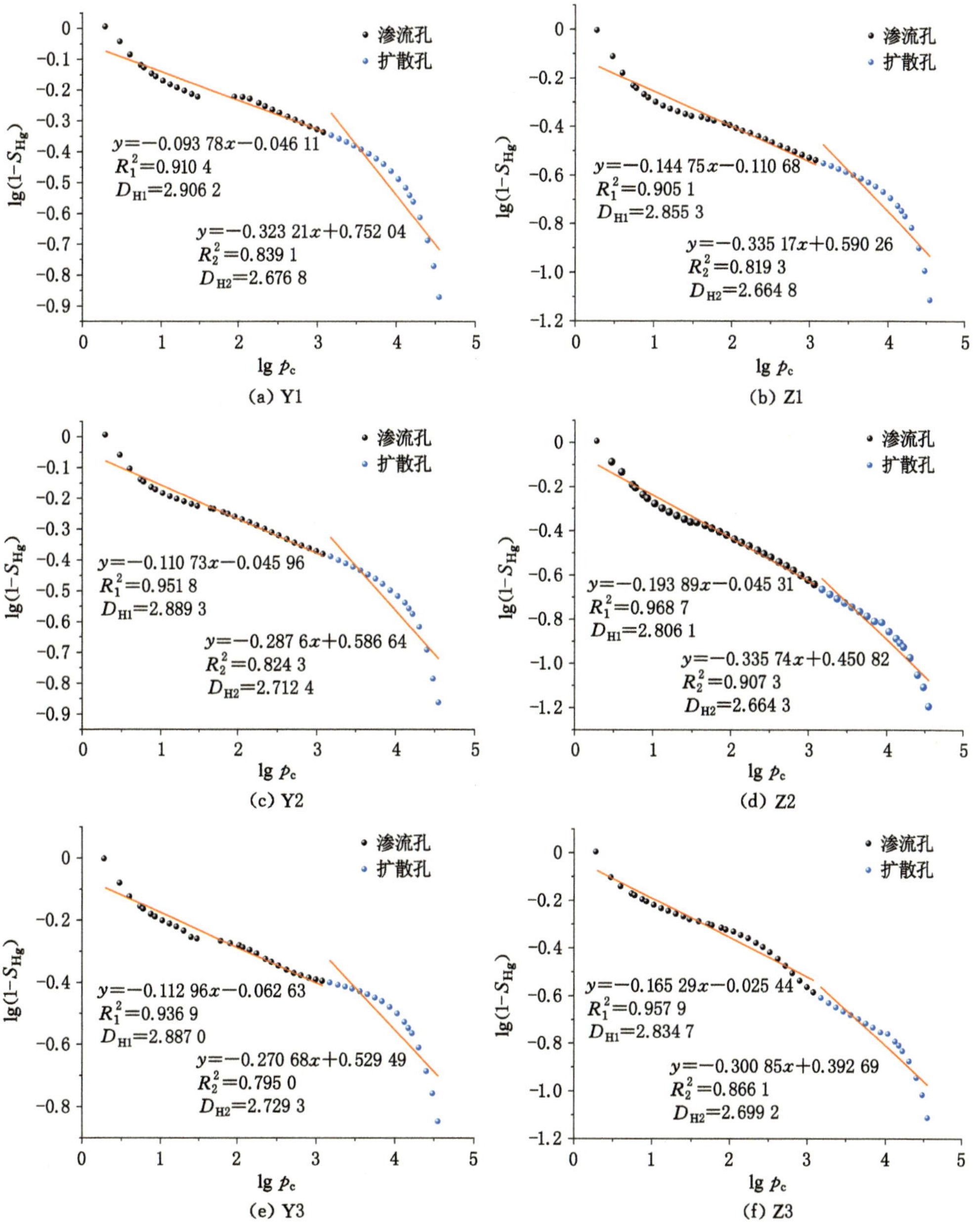

图 4-24　煤样压汞数据的分形特征

表 4-12 煤样压汞数据的分形维数汇总

煤样编号	D_{H1}	R_1^2	D_{H2}	R_2^2
Y1	2.906 2	0.910 4	2.676 8	0.839 1
Z1	2.855 3	0.905 1	2.664 8	0.819 3
Y2	2.889 3	0.951 8	2.712 4	0.824 3
Z2	2.806 1	0.968 7	2.664 3	0.907 3
Y3	2.887 0	0.936 9	2.729 3	0.795 0
Z3	2.834 7	0.957 9	2.699 2	0.866 1

煤样的扩散孔和渗流孔分形维数都在 2～3 之间，其中渗流孔分形维数在 2.806 1～2.906 2 之间，相关系数的平方在 0.905 1～0.968 7 之间，扩散孔分形维数在 2.664 3～2.729 3 之间，相关系数的平方在 0.795 0～0.907 3 之间，渗流孔分形维数高于扩散孔，这说明渗流孔结构更加复杂。其中，原煤的渗流孔分形维数 D_{H1} 在 2.887 0～2.906 2 之间，致裂煤的渗流孔分形维数 D_{H1} 在 2.806 1～2.855 3 之间。原煤的扩散孔分形维数 D_{H2} 在 2.676 8～2.729 3 之间，致裂煤的扩散孔分形维数 D_{H2} 在 2.664 3～2.699 2 之间。可以看出，致裂煤扩散孔和渗流孔的分形维数随距致裂孔距离的增加都呈下降趋势，这表明经过致裂后煤体中孔隙表面和结构变得更加平整简单，非均质性减弱。此外，煤样高压区分形拟合度较差，原因是煤基质在高压作用下可能发生坍塌破坏，进汞速率加快，从而导致高压阶段分形拟合结果在一定程度上失真。

(2) 低温氮吸附试验

因第一次取样的致裂前后的吸附曲线与脱附曲线分支在 p/p_0 为 0.46～1 时出现滞后环，所以采用式(4-8)作为 A 与 D 的关系式，并采用 p/p_0 为 0.46～1 时的数据进行二氧化碳致裂前后的孔隙分形维数计算，采用 FHH 模型绘制 $\ln V$-$\ln[\ln(p_0/p)]$ 双对数曲线，作图后进行线性拟合，得到的直线斜率便是 A，如图 4-25 所示。根据图 4-25 的拟合结果，将其按照分形维数与斜率的关系式进行计算，结果如表 4-13 所示。

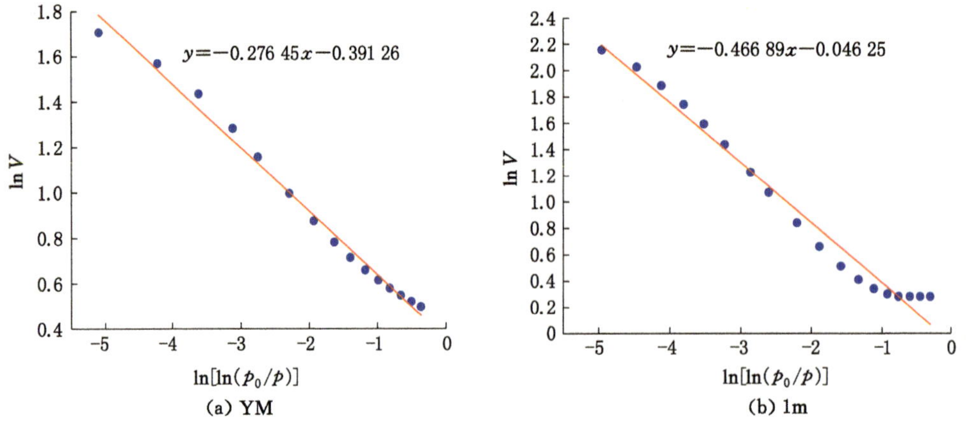

图 4-25 FHH 模型分形曲线

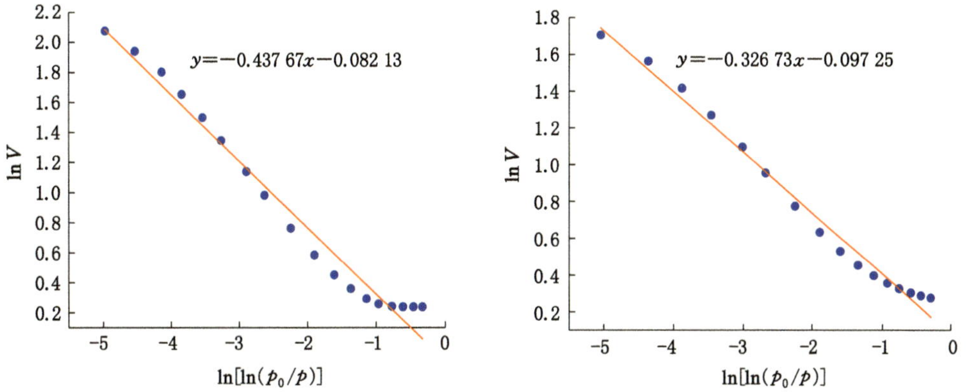

(c) 2m　　(d) 3m

图 4-25(续)

表 4-13　基于分形 FHH 模型的二氧化碳致裂前后煤样分形维数

煤样编号	相对压力 p/p_0:0.45～1.0		
	A	$D=A+3$	R^2
YM	−0.276 45	2.723 55	0.990 05
1m	−0.466 89	2.533 11	0.977 45
2m	−0.437 67	2.562 33	0.975 23
3m	−0.326 73	2.623 72	0.986 65

由表 4-13 所示的分形维数的变化趋势来看,R^2 均在 0.975 以上,说明拟合效果较好。二氧化碳致裂后的煤样的分形维数均小于原煤分形维数,说明二氧化碳致裂具有使孔隙内孔壁趋于光滑的作用。FHH 模型下分形维数的变化趋势与 Menger 模型、热力学模型变化趋势一致,说明二氧化碳致裂确实有使煤岩孔隙内表面趋于光滑的作用。

将第二次取样的低温氮吸附数据按照式(4-8)处理,以 $\ln[\ln(p_0/p)]$ 为横坐标,$\ln(V_0/V)$ 为纵坐标绘制曲线,如图 4-26 所示。王振洋利用 FHH 模型将低温氮吸附数据分

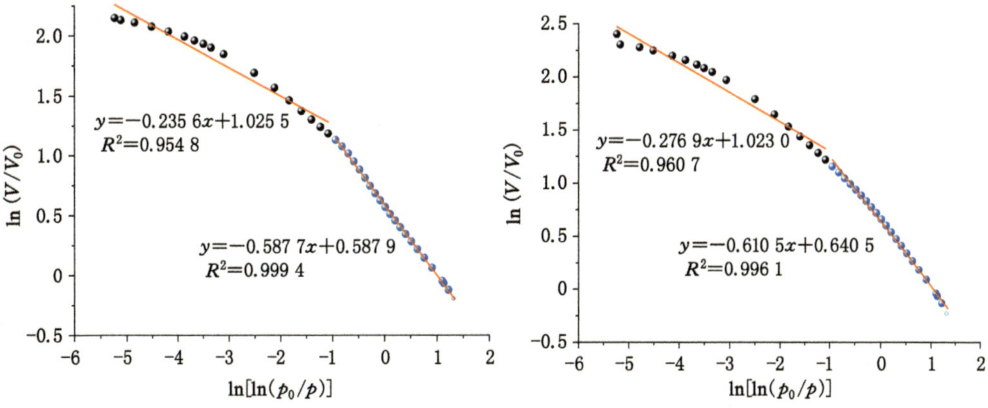

(a) Y1　　(b) Z1

图 4-26　煤样低温氮吸附数据的分形特征

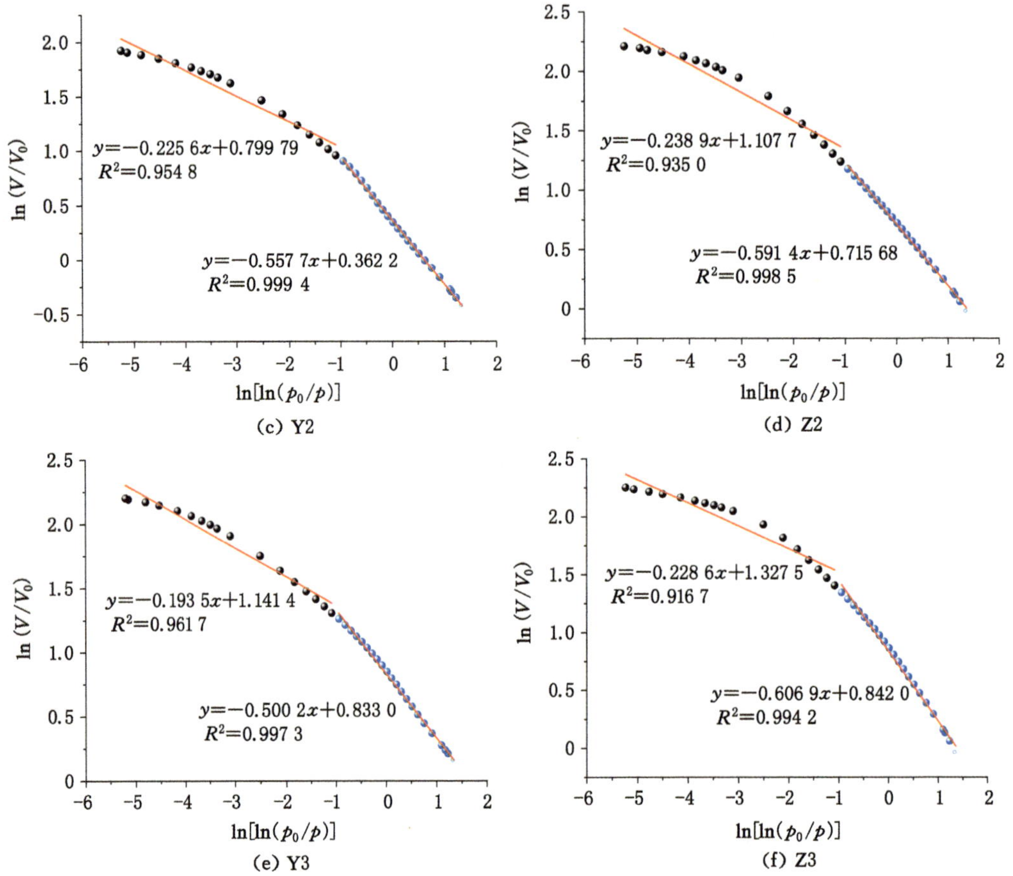

图 4-26(续)

段拟合，得到表面分形维数 D_{F1} 和空间分形维数 D_{F2}。本书参照其处理方法，对煤样低温氮吸附数据的分形特征进行分段拟合，分别获得中低压段的表面分形维数 D_{F1} 以及高压段的空间分形维数 D_{F2}，并将分形维数结果汇总至表 4-14。

表 4-14 煤样低温氮吸附数据的分形维数汇总

煤样编号	D_{F1}	R^2	D_{F2}	R^2
Y1	2.764 4	0.954 8	2.412 3	0.999 4
Z1	2.723 1	0.960 7	2.389 5	0.996 1
Y2	2.774 4	0.954 8	2.442 3	0.999 4
Z2	2.761 1	0.935 0	2.408 6	0.998 5
Y3	2.806 5	0.961 7	2.499 8	0.997 3
Z3	2.771 4	0.916 7	2.393 1	0.994 2

由表 4-14 可知，所有煤样的表面分形维数 D_{F1} 在 2.723 1～2.806 5 之间，且相关系数的平方在 0.916 7～0.961 7 之间；空间分形维数 D_{F2} 在 2.389 5～2.499 8之间，且相关系数的平

方在 0.994 2～0.999 4 之间，这表明孔隙结构具有良好的分形特征。通过比较原煤和致裂煤的表面分形维数 D_{F1} 和空间分形维数 D_{F2} 可以发现，煤样经过致裂后分形维数下降，这表明致裂作用使得煤体孔隙空间结构变得简单，孔隙表面变得光滑平整，非均质性减弱。

将第二次取样的 CO_2 吸附数据按式(4-9)处理，以 $\ln(p-p_t)$ 为横坐标，$\ln V$ 为纵坐标绘制分形特征曲线，如图 4-27 所示。然后对其进行拟合获得体积分形维数 D_S，结果汇总至表 4-15。

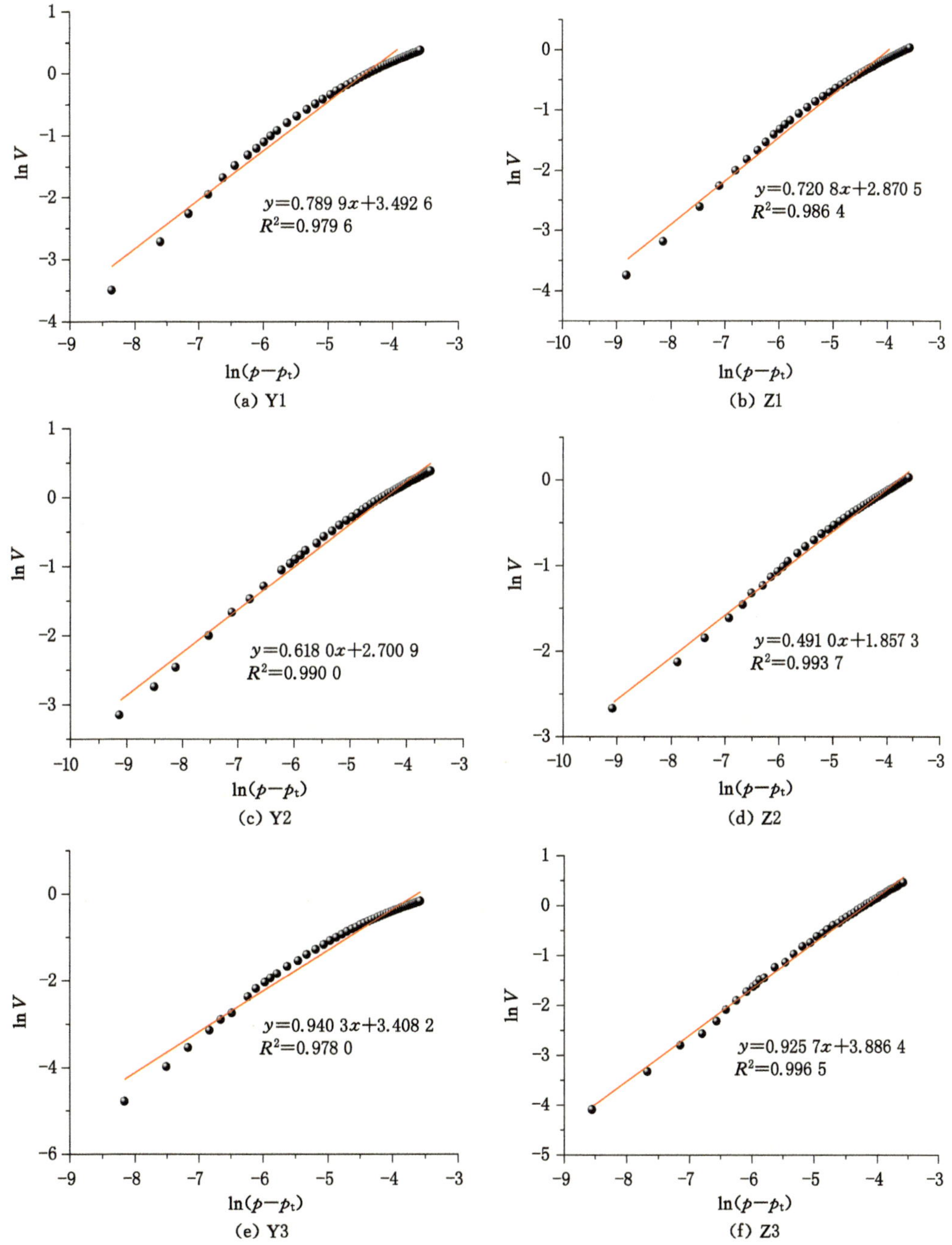

图 4-27　煤样 CO_2 吸附数据的分形特征

表 4-15　煤样 CO_2 吸附数据的分形维数汇总

煤样编号	D_S(体积维数)	R^2
Y1	2.210 1	0.979 6
Z1	2.279 2	0.986 4
Y2	2.382 0	0.990 0
Z2	2.509 0	0.993 7
Y3	2.059 7	0.978 0
Z3	2.074 3	0.996 5

煤样的体积分形维数 D_S的取值在 2～3 之间(2.059 7～2.509)，且相关系数的平方介于0.978 0～0.996 5 之间。对比原煤和致裂煤的体积分形维数可见，经过致裂后，煤样的微孔体积分形维数有所增加，这表明致裂作用使得煤中微孔隙分布变得分散，孔隙结构和孔隙空间变得复杂，非均质性增强。

(3) 扫描电镜试验

扫描电镜试验用于研究孔隙平面特征，所以其得到的分形维数在 1～2 之间。分形维数越接近 1 表示孔隙越少，反之越接近 2 表示孔隙越多。根据第一次取样电镜扫描结果，运用 Image-J 软件得到孔隙周长 P 与孔面积 S 的数据，并根据式(4-10)作 lg P 与 lg S 的双对数曲线，从而计算扫描电镜试验的分形维数，如图 4-28 所示。根据图 4-28 的拟合结果，将其

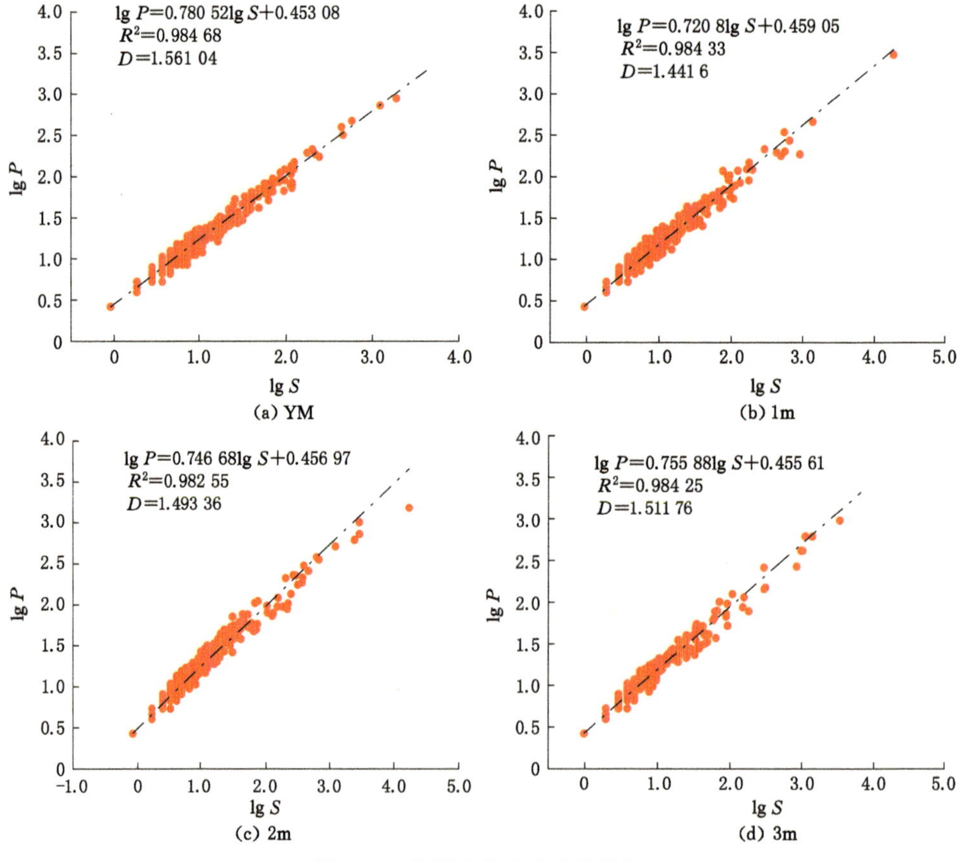

图 4-28　扫描电镜试验分形特征

按照分形维数与斜率的关系式进行计算，结果如表 4-16 所示。

表 4-16　基于扫描电镜试验的二氧化碳致裂前后煤样分形维数

煤样编号	A	$D=2A$	R^2
YM	0.780 52	1.561 04	0.984 68
1m	0.720 80	1.441 60	0.984 33
2m	0.746 68	1.493 36	0.982 55
3m	0.755 88	1.511 76	0.984 25

由表 4-16 可知，4 组拟合数据 R^2 均在 0.98 以上，说明拟合效果较好。二氧化碳致裂后的 3 份煤样分形维数均小于原煤分形维数，说明二氧化碳致裂后煤样的孔隙少于原煤的孔隙，结合电镜扫描结果，可以认为在二氧化碳致裂作用下原煤微小的孔隙贯通为裂隙，所以孔隙数目较少，分形维数也随之减小。在二氧化碳致裂后的煤样中，1m 煤样的分形维数最小，说明其孔隙最大；2m 与 3m 煤样的分形维数逐步增大，说明其微小孔隙数目增多。

4.1.4.2　综合分形维数计算

FHH 模型、Menger 模型与热力学模型所计算出的分形维数变化范围存在一定差异，而通过计算综合分形维数有利于更有效准确地表征二氧化碳致裂前后煤样孔隙表面的变化。现阶段关于综合分形维数的计算方法为将各孔径段的孔体积比作为权值，对不同孔径段的分形维数进行加权求和，从而得到综合分形维数，具体计算公式如下[29]：

$$D_t = \sum D_i T_i \tag{4-14}$$

式中　D_t——综合分形维数；

D_i——第 i 个孔径段分形维数；

T_i——第 i 个孔径段孔体积比。

此方法在单一模型或两种模型下有较为广泛的适用性；但在多模型下由于模型之间存在差异性，同时无法对多模型在同一孔径段下的分形维数进行整合，此方法存在一定局限性。为了更好地计算多模型下综合分形维数，笔者引入标准差作为衡量模型差异性的一种尺度，具体计算公式如下：

$$S_{ij} = \frac{\sqrt{(D_{ij} - \overline{D_j})^2}}{\overline{D_j}} \tag{4-15}$$

式中　S_{ij}——某一种模型在某段孔径段内的分形维数离散系数；

D_{ij}——某一种模型在某段孔径段内的分形维数，$2<D_{ij}<3$；

$\overline{D_j}$——所有模型在某孔径段内分形维数的平均值；

i——某种模型代号，$i=1,2,3,\cdots$；

j——某孔径段代号，$j=1,2,3,\cdots$。

综合分形维数的计算方法为将各模型各孔径段的分形维数离散系数作为权值，对不同模型不同孔径段的分形维数进行加权求平均值，具体计算公式如下：

$$D_s = \frac{\sum (1 - S_{ij}) D_{ij}}{N} \tag{4-16}$$

式中 D_s——模型离散尺度下的综合分形维数；

N——模型个数与孔径段数的乘积。

为了验证模型离散尺度下分形维数的偏差，将第一次取样二氧化碳致裂前后煤样按照 D_t 与 D_s 的计算方法进行计算并对比，结果如表 4-17 所示；将 D_t 与 D_s 的变化趋势绘制成曲线，如图 4-29 所示。

表 4-17 综合分形维数对比

样品编号	D_s	D_t				
		D_t(M)	D_t(R)	D_t(F+M)	D_t(F+R)	D_t(M+R)
YM	2.731 955	3.148 821 012	2.785 08	2.737 575 834	2.774 889 057	2.758 130 923
1m	2.560 105 478	2.723 767 88	2.699 16	2.584 994 290 9	2.688 328 297	2.609 651 964
2m	2.581 61	2.828 046 963	2.714 24	2.597 217 469	2.699 771 788	2.625 442 767
3m	2.667 315	2.931 417 873	2.745 66	2.662 707 527	2.737 469 617	2.682 487 569

注：D_t(M)表示使用 Menger 模型分段数据计算综合分形维数；D_t(R)表示使用热力学模型分段数据计算综合分形维数；D_t(F+M)表示使用 FHH 模型与 Menger 模型分段数据计算综合分形维数；D_t(F+R)表示使用 FHH 模型与热力学模型分段数据计算综合分形维数；D_t(M+R)表示使用 Menger 模型与热力学模型分段数据计算综合分形维数。

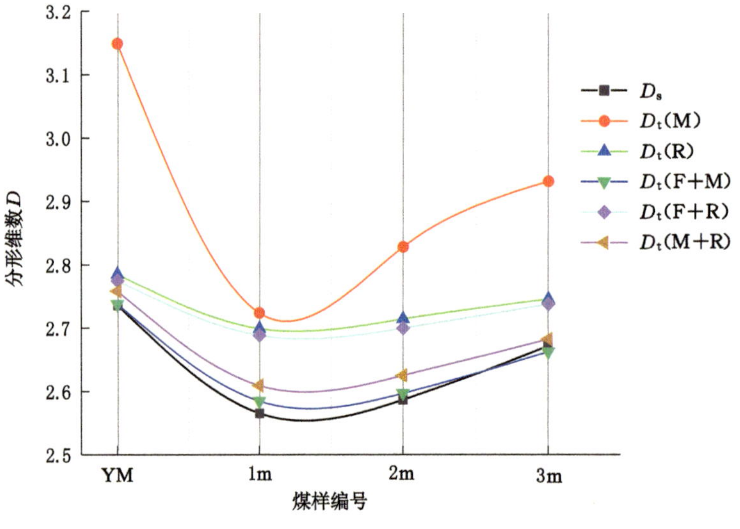

图 4-29 综合分形维数变化趋势

根据表 4-17 的计算结果，发现综合分形维数 D_s 与 D_t 都具有与单一模型下二氧化碳致裂前后煤样分形维数相同的变化特征：原煤综合分形维数最大，表明二氧化碳致裂前孔隙非均质性强；二氧化碳致裂后距离二氧化碳致裂孔最近的 1m 煤样孔隙综合分形维数减小，孔隙均质性得到加强；随着与二氧化碳致裂孔距离的增大，二氧化碳致裂效果减弱，孔隙综合分形维数逐步增大并接近原煤综合分形维数。但是从 D_t(M)的原煤计算结果大于 3 来看，基于孔体积比加权得到的综合分形维数 D_t 的适用性还有待提高，同时综合分形维数 D_t 在多模型下缺乏有效统一，如 D_t(F+M)、D_t(F+R)与 D_t(M+R)所计算的综合分形维数存在一定偏差，而采用笔者提出的离散尺度下的综合分形维数 D_s 则可有效地对多模型下多孔径段分形维数进行有效的统一。

由图 4-29 可见，使用孔体积比作为权值的两个单一模型的综合分形维数 D_t 变化趋势线靠上，精确度不够，这是由于使用压汞法人为造成孔隙体积增大，而使用孔体积比作为权值进行加权计算会导致综合分形维数 D_t 产生误差，不能接近真实的分形维数。在使用多模型后，其分形维数变化趋势逐步精确化，3 个多模型分形维数变化趋势线均靠下，但在多模型下，其变化趋势存在无法有效统一的情况；而采用离散尺度下的综合分形维数 D_s 能有效地将 3 种模型进行统一，其变化趋势与以往使用效果最好的 D_t(F＋M)较为接近，这说明综合分形维数 D_s 的精确度较高。

4.1.4.3　综合分形维数与孔隙特征参数关系

综合分形维数可以客观、准确地描述孔隙特征，综合分形维数的变化可以体现受二氧化碳致裂影响下煤岩孔隙变化的复杂性[30]。将第一次取样二氧化碳致裂前后煤样离散尺度下的综合分形维数 D_s 与压汞法、低温氮吸附法所测试的孔体积、比表面积、平均孔直径等孔隙参数进行联系，绘制图 4-30。

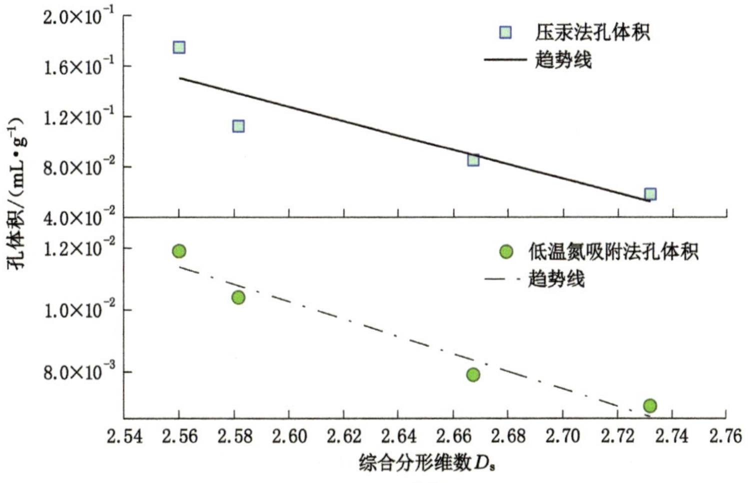

(a)

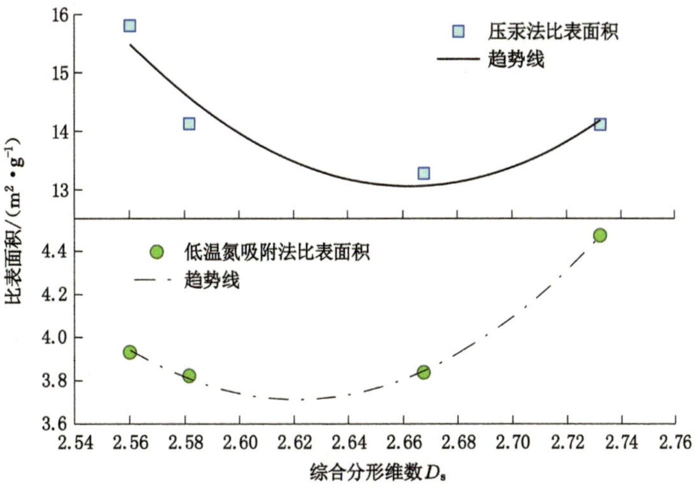

(b)

图 4-30　综合分形维数与孔隙参数关系

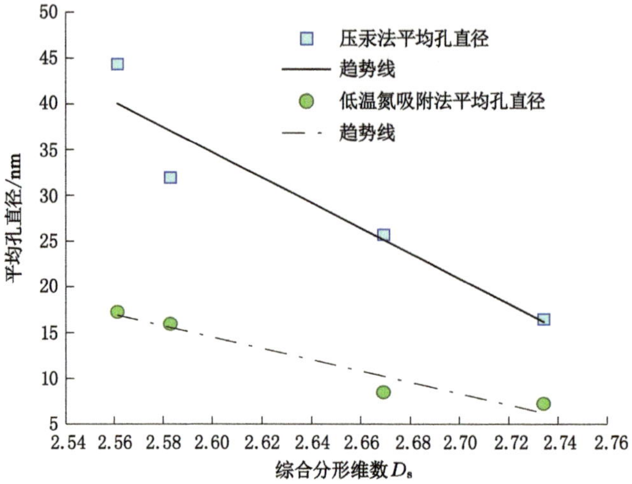

(c)

图 4-30(续)

由图 4-30 可见,综合分形维数与孔体积、平均孔直径呈负线性相关关系,即分形维数小,孔体积与平均孔直径大,而分形维数大,孔体积与平均孔直径小。通过分形维数的变化可以判断二氧化碳致裂会使原本煤岩非均质性强、粗糙的孔隙表面变得光滑、均质性加强,这意味着孔隙内表面凹凸不平的突起被二氧化碳致裂产生的冲击作用抹平,所以孔隙的平均孔直径与孔体积自然会增加,同时孔隙会受二氧化碳致裂影响而扩张。对比表面积而言,压汞法与低温氮吸附法的比表面积与综合分形维数呈相反的幂函数关系,由于比表面积与微孔含量有关,造成这种情况的原因可能是高压汞液导致煤基质压缩产生微小裂隙。

由图 4-30 所示综合分形维数与各孔隙参数的关系可知,二氧化碳致裂对煤岩孔隙具有明显作用效果,具体表现为二氧化碳致裂能迫使孔隙发育扩张,如二氧化碳致裂后孔体积、平均孔直径与孔隙率的增加。从宏观上来说,孔体积与平均孔直径的增加有利于瓦斯在煤岩中的运移,所以二氧化碳致裂有利于提高煤层的渗透率以及消除煤与瓦斯突出。

4.1.5 通过数值模拟认识液态二氧化碳气爆致裂效果

随着计算机技术的发展,数值模拟已经成为研究爆破过程的重要工具。本章采用多物理场动力学分析软件 LS-DYNA 对液态二氧化碳气爆致裂过程进行模拟。为得出液态二氧化碳相变致裂下煤体的裂隙损伤演化规律,建立了煤岩体的 RHT 本构模型,并确定了模型参数。利用三维数值模型研究了二氧化碳气爆作用下煤体的损伤演化和裂纹扩展。并通过三维数值模型研究了地应力条件下二氧化碳气爆致裂对煤体损伤演化和裂纹扩展的影响。

4.1.5.1 LS-DYNA 数值模拟软件介绍

LS-DYNA 是一款先进的通用有限元程序,功能齐全,涵盖几何非线性(大位移、大转动和大应变)、材料非线性(300 多种材料动态模型)和接触非线性等问题,能够模拟真实世界中的复杂问题。LS-DYNA 以显式求解为主,兼有隐式求解功能,主要的优势在于处理材料失效与大变形问题。LS-DYNA 软件内部主要包括几种算法:Lagrange 法、ALE 算法、Euler 算法[31]等。

LS-DYNA 分析流程主要有以下几个步骤：

① 根据实际问题建立数值分析模型，并进行网格划分；

② 定义材料本构模型，据煤体性质标定本构模型参数；

③ 设置初始条件和边界条件；

④ 调用 LS-DYNA Solver 进行求解，将结果文件导入后处理软件 LS-PrePost 中进行分析。

此外，若要研究地应力条件下的动力分析问题，需要在第三步对模型进行应力初始化，主要有 dynain 文件法、动力松弛法、隐式-显式转换法等。dynain 文件法利用关键字 INTERFACE SPRINGBACK LSDYNA 输出 dynain 文件隐式分析结果，然后利用关键字 * INCLUDE 把 dynain 文件导入模型，进行后续动力分析。dynain 文件法适合后续分析的输入文件需要大的改动时。动力松弛法利用关键字 * CONTROL DYNAMIC RELAXATION 开启 LS-DYNA3D 的动力松弛分析。隐式-显式转换法利用关键字 * CONTROL IMPLICIT GENERAL 的 IMFLAG 选项开启 LS-DYNA3D 的 on-the-fly 模式，进行隐式-显式的自动转换分析。隐式-显式转换法适合不需要大改动的后续动力分析。

4.1.5.2　RHT 模型介绍

在 LS-DYNA 有限元程序中提供了三种常用的损伤本构模型：JH 系列模型、HJC (Holmquist-Johnson-Cook)模型和 RHT(Riedel-Hiermaier-Thoma)模型。HJC 模型可以描述材料在冲击压缩阶段的力学行为，但岩石爆生裂纹的扩展以拉伸破坏为主，该模型在表征拉伸损伤方面存在缺陷。1998 年，Riedel、Hiermaier 和 Thoma 三名学者在 HJC 模型的基础上提出了 RHT 拉压损伤模型，该模型引入了偏应力张量第三不变量 J_3 对破坏面形状的影响，由 J_3 可定性判定材料应变类型和应力状态。RHT 模型最初应用于混凝土的爆炸冲击损伤方面的研究，后又被相关研究人员引入描述煤岩动载作用下的力学特性。与其他模型相比，RHT 模型能更好地反映动载下的拉伸和压缩损伤演化，因此将 RHT 模型应用于本数值模拟[32]。

(1) 煤体的 RHT 本构模型

RHT 模型考虑了偏应力张量第三不变量对材料破坏面的影响，并引入了与压力相关的屈服面、失效面和残余面，分别描述了材料的初始屈服强度、失效强度及残余强度的变化规律。在 RHT 模型中，静水压力由多项式 Hugoniot 曲线和 p-α 压实关系表示，p-α 状态方程的示意图如图 4-31(a)所示。当压力低于孔隙破碎压力时，假定材料是弹性的。一旦压力超过孔隙破碎压力，孔隙坍塌就导致材料的有效体积模量降低。此外，对于给定的应力状态和加载速率，只有当荷载超过其屈服极限时，材料才会屈服。该模型使用抗压强度、正则化屈服函数和纪凡-沃恩克函数来描述其屈服面[见图 4-1(b)]：

$$\sigma_y(p_0^*,\dot{\varepsilon}_p,\varepsilon_p^*)=\sigma_c\sigma_y^*(p_0^*,F_r(\dot{\varepsilon}_p,p_0^*),\varepsilon_p^*)R_3(\theta,p_0^*) \tag{4-17}$$

式中　σ_y^*——归一化屈服函数；

σ_c——单轴抗压强度，MPa；

R_3——洛德角因子；

θ——洛德角，(°)；

F_r——动态应变率增长因子；

$\dot{\varepsilon}_p$——应变率，s^{-1}；

ε_p^*——有效塑性应变；

p_0^*——归一化压力，$p_0^*=p_0/\sigma_c$；

p_0——静水压力，MPa，$p_0=\sigma_1+2\sigma_3$；

σ_1、σ_3——最大和最小主应力，MPa。

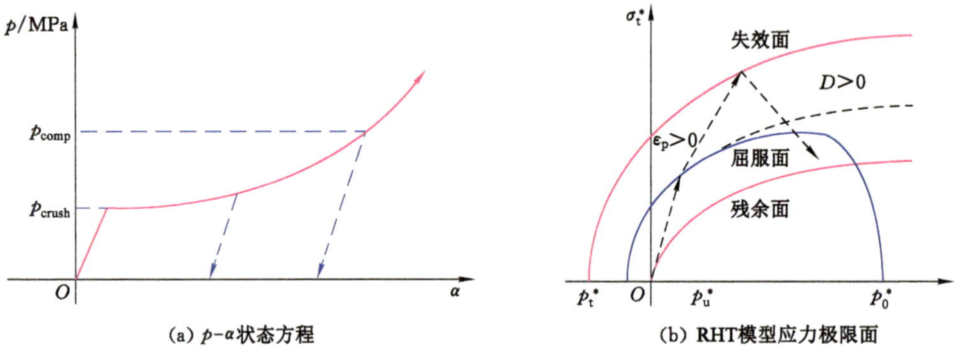

图 4-31　RHT 模型

① 应变率方程

煤岩的强度明显受应变率影响。在该模型中引入动态应变率增长因子描述材料在压缩和拉伸作用下的应变率效应，其表达式为：

$$F_r(\dot{\varepsilon}_p)=\begin{cases}(\dot{\varepsilon}_p/\dot{\varepsilon}_0^c)^{\beta_c} & p\geqslant\sigma_c/3\\ \dfrac{p+\sigma_t/3}{\sigma_c/3+\sigma_t/3}(\dot{\varepsilon}_p/\dot{\varepsilon}_0^t)^{\beta_c}-\dfrac{p-\sigma_c/3}{\sigma_c/3+\sigma_t/3}(\dot{\varepsilon}_p/\dot{\varepsilon}_0^c)^{\beta_t} & -\sigma_t/3<p<\sigma_c/3\\ (\dot{\varepsilon}_p/\dot{\varepsilon}_0^t)^{\beta_t} & p\leqslant-\sigma_t/3\end{cases}\tag{4-18}$$

式中　$\dot{\varepsilon}_0^c$——煤体压缩下的参考应变率，$\dot{\varepsilon}_0^c=3.0\times10^{-5}\ s^{-1}$；

$\dot{\varepsilon}_0^t$——煤体拉伸时的参考应变率，$\dot{\varepsilon}_0^t=3.0\times10^{-6}\ s^{-1}$；

p——压力，MPa；

σ_t——抗拉强度，MPa；

$\dot{\varepsilon}_p$——等效应变率，s^{-1}；

β_c、β_t——压缩和拉伸的材料常数，$\beta_c=4/(20+3\sigma_c)$、$\beta_t=2/(20+\sigma_c)$。

② 失效面方程

当 $3p_0^*\geqslant\sigma_f^*$ 时，失效面方程表示为：

$$\sigma_f^*(p_0^*,F_r)=A[p_0^*-F_r/3+(A/F_r)^{-1/N}]^N\tag{4-19}$$

式中　σ_f^*——归一化强度，$\sigma_f^*=\sigma_f/\sigma_c$，$\sigma_f=\sigma_1-\sigma_3$；

A、N——失效面参数。

失效面参数 A 和 N 可以通过试验确定，煤岩样品的三轴压缩试验数据见表 4-18，可获得 p_0^* 和 σ_f^*。当材料处于准静态时，$F_r=1$。基于表 4-18 中所示的数据，通过拟合关系式确定 $A=1.98$ 和 $N=0.646$(见图 4-32)。

表 4-18　不同围压下煤岩的抗压强度参数

$\sigma_2=\sigma_3$/MPa	σ_1/MPa	p_0^*	σ_f^*
0	23	0.33	1.00
10	62	1.18	2.25
20	87	1.84	2.92
30	113	2.51	3.62
40	136	3.13	4.16

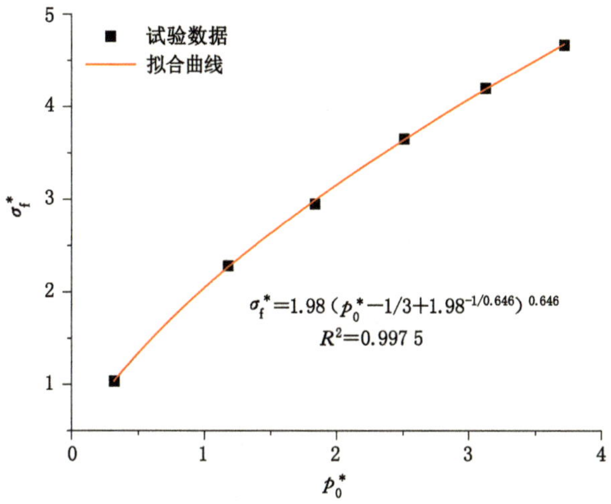

图 4-32　失效面参数拟合

③ 损伤变量方程

RHT 模型中的损伤变量 D 定义为塑性应变 ε_p 的累积量：

$$D=\sum\frac{\mathrm{d}\varepsilon_p}{\varepsilon_p^f} \tag{4-20}$$

式中　ε_p^f——煤岩破坏时的塑性应变。

当应力状态达到破坏面上材料的极限强度时，在进一步的非弹性变形或塑性应变过程中，损伤会累积，破坏时的塑性应变为：

$$\varepsilon_p^f=\begin{cases}D_1[p_0^*-(1-D)p_t^*]^{D_2} & p_0^*\geqslant(1-D)p_t^*+(\varepsilon_p^m/D_1)^{1/D_2}\\ \varepsilon_p^m & p_0^*<(1-D)p_t^*+(\varepsilon_p^m/D_1)^{1/D_2}\end{cases} \tag{4-21}$$

式中　ε_p^m——最小损伤残余应变；

p_t^*——失效截止压力，MPa；

D_1、D_2——损伤常数，分别取 0.04 和 1.0。

(2) p-α 状态方程

在 RHT 模型中，对于压实后或实体材料状态方程，采用下列多项式函数表示：

$$p_R=\frac{1}{\alpha_0}[(B_0+B_1\mu)\alpha_0\rho_0e+A_1\mu+A_2\mu^2+A_3\mu^3] \tag{4-22}$$

式中　p_R——状态方程的压力，MPa；

A_1、A_2、A_3——多项式系数，GPa；

α_0——初始孔隙率；

B_0、B_1——材料常数，$B_0=B_1=1.22$；

e——每单位质量的内能，J；

μ——体积应变。

Hugonoit 多项式系数 A_1、A_2和 A_3由式(4-23)至式(4-25)确定：

$$A_1 = \rho_0 c_0^2 = T_1 \tag{4-23}$$

$$A_2 = \rho_0 c_0^2 (2k-1) \tag{4-24}$$

$$A_3 = \rho_0 c_0^2 (3k^2 - 4k + 1) \tag{4-25}$$

式中 c_0——环境压力和温度下的声速，m/s；

T_1——材料常数；

ρ_0——材料密度，g/cm^3；

k——材料的经验常数。

(3) RHT 模型参数标定

根据前面对煤体 RHT 本构方程及其 p-α 状态方程的推导及描述，有 30 多个参数需要确定，包括煤体的基本物理力学参数、失效面参数等。煤体的基本物理参数可由静态或准静态物理加载试验确定，其中煤体密度 $\rho_0=1\ 530$ kg/m^3、单轴抗压强度 $\sigma_c=23$ MPa、波速 $c_0=2\ 385$ m/s、剪切模量 $G=1.756$ GPa、泊松比 $\nu=0.33$、初始孔隙率 $\alpha_0=1.15\%$。然后根据基本物理参数可以确定煤体 RHT 模型的大部分参数。剩余参数 F_s^*、F_t^*、Q_0、G_c^*、G_t^* 等，因试验获取途径复杂而较难确定，但 Borrvall 和 Riedel 给出了这些参数的取值范围，这些参数可根据文献和参考值确定。煤体的 RHT 模型参数汇总于表 4-19。

表 4-19 煤体 RHT 模型参数

参数	值	参数	值	参数	值
ρ_0/(kg·m^{-3})	1 530	F_t^*	0.1	p_{crush}/MPa	7.7
G/GPa	1.756	F_s^*	0.2	G_c^*	0.53
σ_c/MPa	23	A_1/GPa	8.70	G_t^*	0.7
N	0.646	A_2/GPa	10.61	XI	0.5
β_t	0.046 5	A_3/GPa	2.23	D_1	0.04
B_0	1.22	Q_0	0.68	D_2	1.0
B_1	1.22	B	0.010 5	β_c	0.044 9
α_0/%	1.15	$\dot{\varepsilon}_0^c$/s^{-1}	3×10^{-5}	A_f	1.6
T_1/GPa	8.70	$\dot{\varepsilon}_0^t$/s^{-1}	3×10^{-6}	N_f	0.61
p_{lock}/GPa	6	A	1.98	N_p	4

注：表中 p_{lock}为压实压力；p_{crush}为压碎压力。

(4) 炸药状态方程及其参数确定

LS-DYNA 中的 JWL 状态方程能精确地描述爆轰产物膨胀做功过程，其表达式为：

$$p_{CJ} = A_J(1-\omega/R_1 V)e^{-R_1 V} + B_J(1-\omega/R_2 V)e^{-R_2 V} + \omega E_J/V \tag{4-26}$$

式中　p_{CJ}——爆轰产物的压力，GPa；

E_J——初始比内能，GPa；

V——爆轰产物的相对体积，m^3。

A_J、B_J、R_1、R_2、ω——与材料性质有关的常数，由炸药密度、爆速和绝热系数拟合得到。JWL 状态方程参数参考有关文献确定，参数汇总于表 4-20。

表 4-20　TNT 炸药的 JWL 状态方程参数

$\rho_0/(g\cdot cm^{-3})$	$c_0/(m\cdot s^{-1})$	A_J/GPa	B_J/GPa	R_1	R_2	ω	p_{CJ}/GPa	E_J/GPa
0.95	3 600	347	0.733	4.15	0.95	0.3	9	1

4.1.5.3　二氧化碳气爆数值模型构建

先前的研究主要集中于二维数值模型，其中只有 P 波从炮孔辐射，而 S 波由于简化为平面应变问题而被忽略。三维模型可以考虑装药长度，从而在岩石中产生更大的压应力和拉应力。因此，数值模拟应在三维空间中进行，并使用合适的本构模型。为了研究实际二氧化碳致裂过程中煤体的损伤和裂纹扩展，建立大尺寸三维煤体数值模型，如图 4-33 所示。煤体数值模型尺寸为 300 cm×300 cm×300 cm，钻孔直径为 9.4 cm，采用空气作为流固耦合计算的耦合介质。Huang 等探讨了爆炸模拟中耦合介质的合理尺寸，认为当耦合介质半径大于 10 倍爆炸半径时，数值计算结果收敛。因此，空气介质空间设为直径 120 cm、长度 500 cm 的圆柱体。为了提高建模效率以及避免划分炸药网格导致的网格划分质量问题，只对煤体和空气建模，炸药由初始体积分数法定义。炸药尺寸根据第 2 章中所述的炸药当量确定，单元和节点总数分别为 2 163 840 个和 2 221 782 个。此外，为了模拟无限煤岩介质，除了顶部设置自由边界之外，在外围设置无反射边界条件。损伤变量 $D(0\sim1)$用于描述二氧化碳气爆过程中的损伤演化和裂纹扩展。

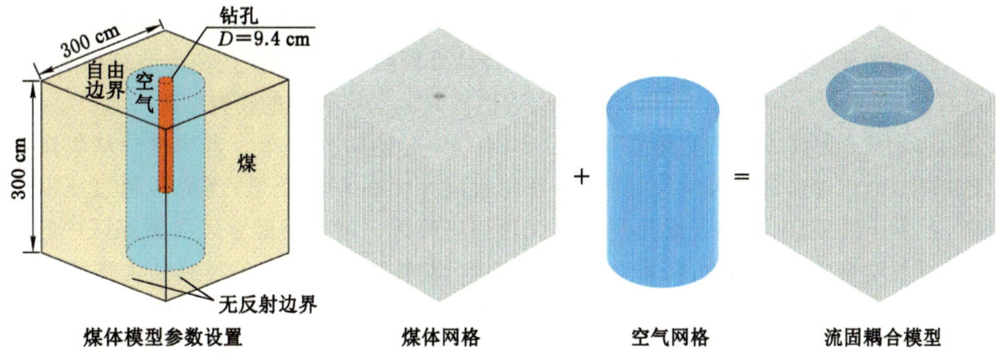

图 4-33　二氧化碳气爆三维煤体数值模型

4.1.5.4　数值模拟结果分析

(1) 气爆作用下煤体应力场和裂纹扩展

煤体在二氧化碳气爆作用下不同时刻的有效应力云图如图 4-34 所示。观察图 4-34 可以看到，随着时间的推移，应力波逐渐向外扩散，对附近煤岩造成破坏，离气爆孔的距离越大，有效应力越小。当时间从 100 μs 到 2 000 μs 时，有效应力峰值由 108.6 MPa 逐渐减小到

28.1 MPa。可以看出，在气爆点附近区域，煤体被应力波破坏，形成破碎区。煤体在应力波作用下，产生与破碎区相连的初始径向裂纹。随着应力波的进一步传播，有效应力峰值减小，不能继续促进裂隙扩展。同时，高压气体挤入初始径向裂纹，促使初始径向裂纹继续扩展。

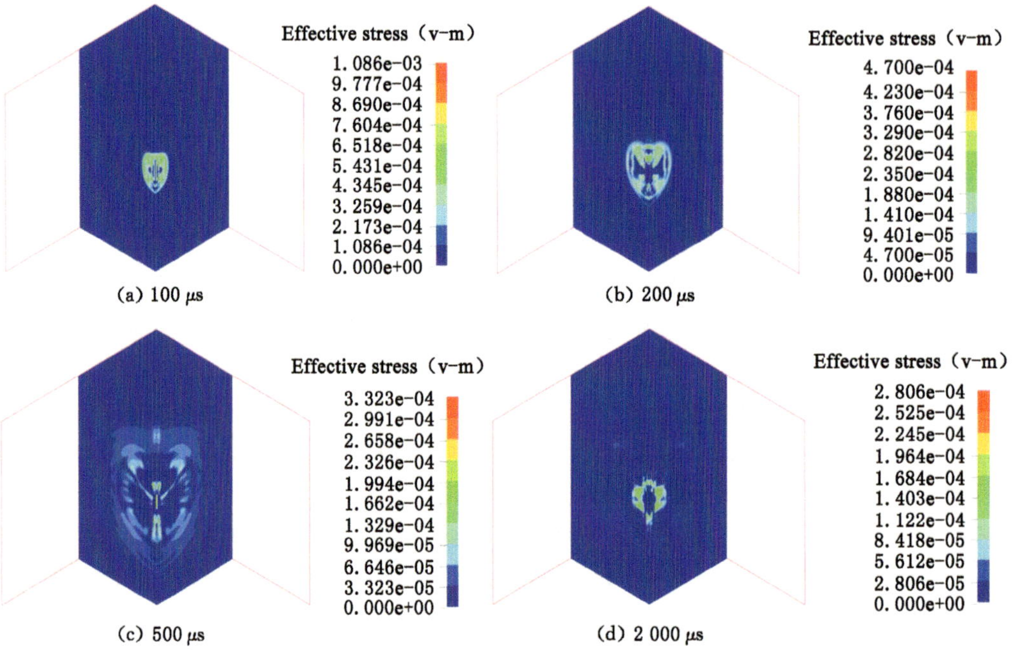

图 4-34　有效应力云图

根据图 4-35(a)中的监测线测得不同距离的峰值压力衰减曲线[见图 4-35(b)]。从气爆点到与其距离 25 cm 处，峰值压力由 414 MPa 迅速衰减到 34.7 MPa；然后衰减趋势减缓，到 150 cm 时，峰值压力衰减为 1.65 MPa。根据拟合结果得到气爆作用下的应力波衰减系数 α 为 1.567，符合 $\alpha=2-\nu/(1-\nu)$(ν 为煤体泊松比，取值 0.33)，与褚怀保的研究结果一致[33]。

图 4-36 所示为煤体在二氧化碳气爆后 2 000 μs 时的损伤分布。当冲击波从气爆点向四周传播时，由于冲击波的强度高，在气爆点附近发生大的塑性变形；当变形超过压缩破坏极限时，发生压缩破坏，并在气爆孔附近形成压缩破碎区。冲击波能量经在破碎区中的传播而消散，冲击波衰减为应力波；随着应力波的传播，煤体内产生了多条裂缝和大规模的损伤区域。另外，自由面的存在导致应力波反射，产生拉伸波；顶部自由面在拉伸应力波的作用下，产生了十字形的拉伸裂纹。此外可以看到，煤体损伤和裂纹向着自由面方向扩展，即自由面的存在对裂纹的损伤扩展具有导向作用。

(2) 地应力对裂纹扩展的影响

在二氧化碳致裂过程中，不仅应力波和高压气体对裂纹扩展起重要作用，而且地应力对煤体的裂纹扩展和损伤演化有着显著影响。因此，我们使用三维数值模型来研究地应力对煤体裂隙扩展的影响。首先利用 dynain 文件法进行应力初始化，对 xz 和 yz 平面施加地应力 p_x 和 p_y，然后利用关键字 INTERFACE SPRINGBACK LSDYNA 得到 dynain 文件隐式分析结果，得到不同围压下应力分布，再利用关键字 * INCLUDE 将 dynain 文件导入气

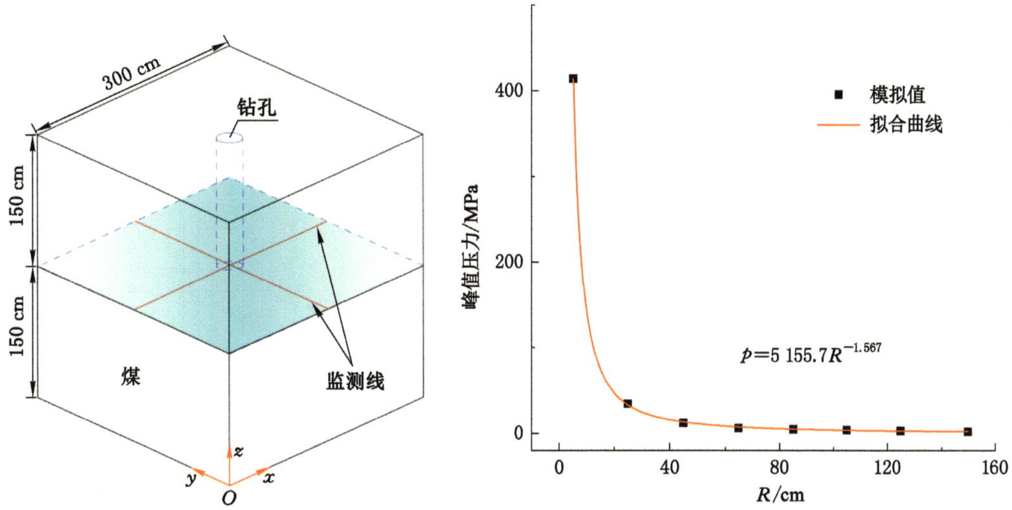

(a) 监测线　　(b) 峰值压力衰减曲线

图 4-35　无围压峰值压力衰减曲线

(a) 裂纹扩展　　(b) 失效面　　(c) 损伤分布

图 4-36　无地应力条件下煤体损伤分布

爆模型进行后续动力学分析，输出煤体损伤分布云图。初始应力参数设置见表 4-21。

表 4-21　不同地应力下的 6 个分析案例

案例编号	p_x	p_y	$\lambda(\lambda=p_x/p_y)$
案例 0	0	0	—
案例 1	0	2	0
案例 2	0	4	0
案例 3	2	2	1
案例 4	2	4	0.5
案例 5	4	4	1

通过静力分析，可以得到煤体在二氧化碳气爆前的环向应力分布。案例 1—5 的环向应力分布如图 4-37 所示。环向应力分布表明，压力导致孔壁周围应力集中。其中对于非静水压力情况（案例 1、2 和 4），在气爆孔附近，环向应力在 x 轴方向是压应力，对裂纹扩展有很大的抑制

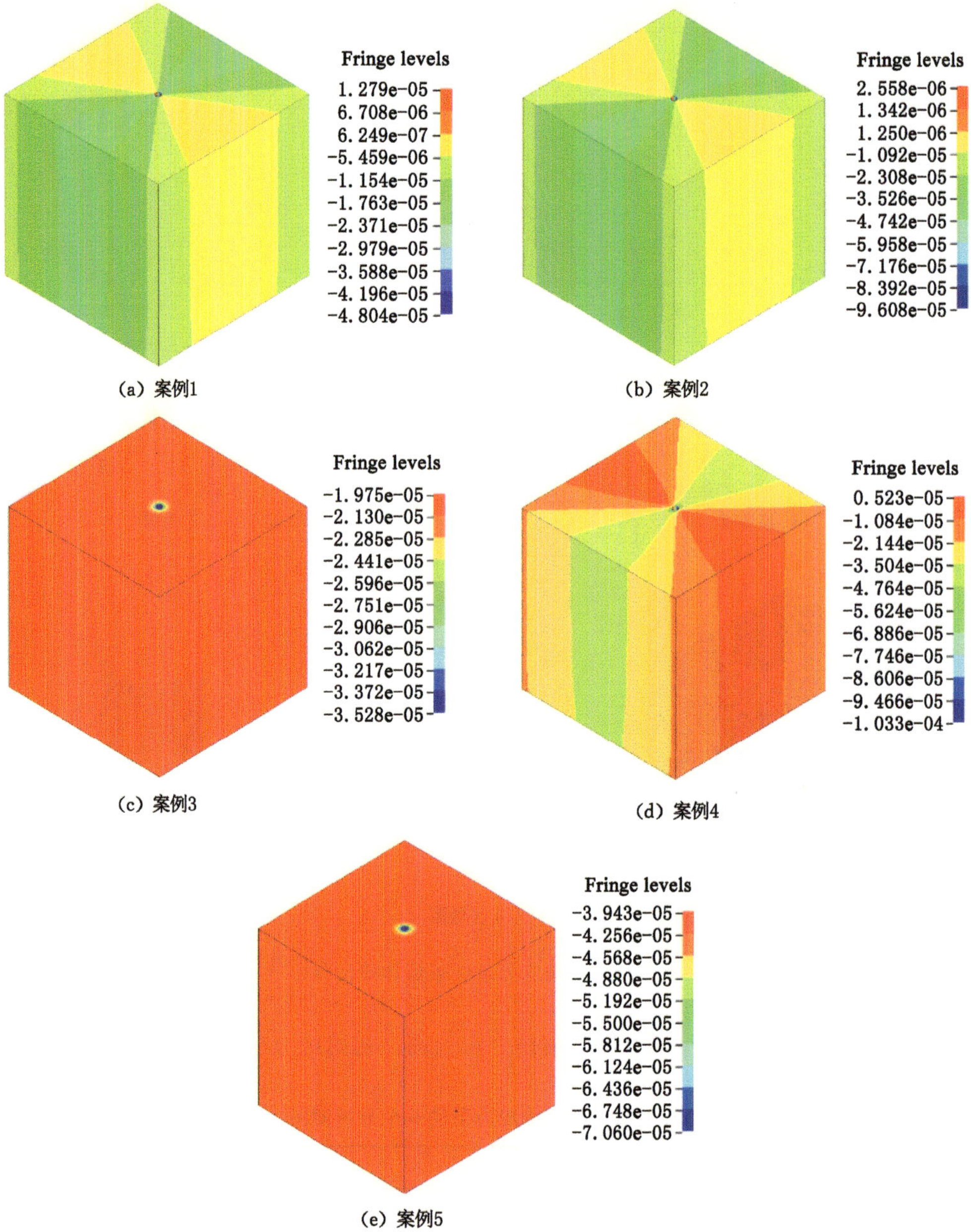

图 4-37　不同地应力下煤体环向应力分布

作用。而 y 轴方向的应力是拉应力，该拉应力促进了径向裂纹的扩展。在案例 1 中，孔壁最大环向拉应力为 1.3 MPa，最大环向压应力为 4.8 MPa。在案例 2 中，孔壁最大环向拉应力为 2.6 MPa，最大环向压应力为 9.6 MPa。在案例 4 中，孔壁最大环向拉应力为 0.5 MPa，最大环向压应力为 10.3 MPa。可以发现，水平压力转移了垂直压力在孔壁处产生的环向拉应力，并增加了环向压应力。这三种条件下远场的 y 轴方向环向应力均低于 x 轴方向环向应力，这就使得裂纹更易在 y 轴方向扩展，而在 x 轴方向受到压应力的约束，抑制了裂纹扩展，这与第 2 章中的环向应力分布一致。此外，对于静水压力情况（案例 3 和 5），煤体各个方向均产生压应力，严重抑制了裂纹的扩展。且随着距气爆孔距离的增加，在远场 x 轴和 y 轴方向的环向压应力逐渐接近静水压力，且初始压力越大，环向压应力越大，抑制作用越强。

图 4-38 展示了煤体在五种围压条件下的二氧化碳气爆损伤分布。在静水压力条件下

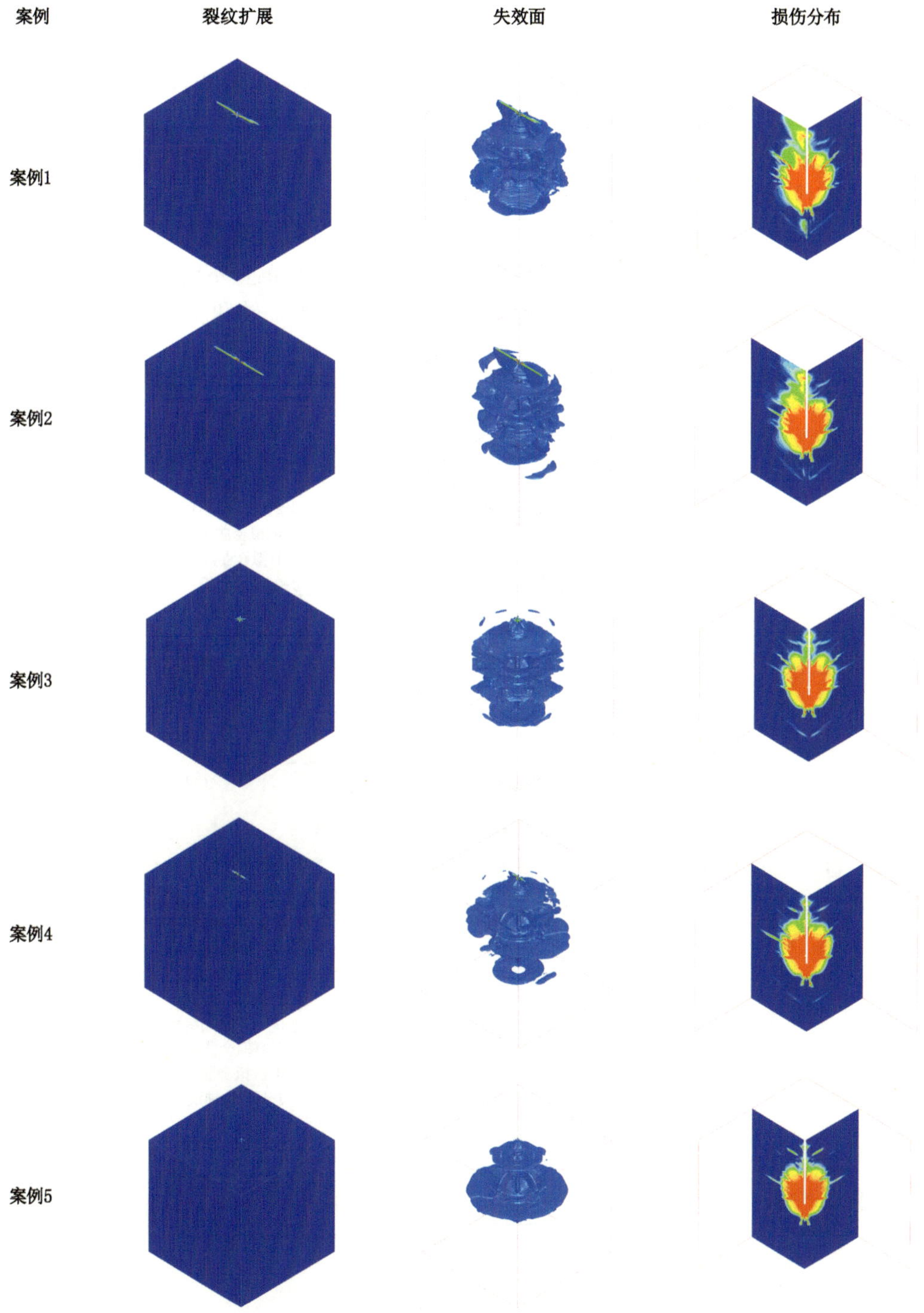

图 4-38　2 000 μs 时煤体中的损伤分布

(案例 0、3 和 5),煤体损伤分布各向同性。与案例 0 相比,有围压条件下的损伤规模和裂纹长度、数量显著减小,这表明围压对裂纹扩展和损伤演化有抑制作用。此外,随围压增大,顶部自由面未产生径向裂纹,即围压越高,抑制作用越强。对于非静水压力情况(案例 1、2 和 4),煤体裂纹和损伤分布各向异性。煤体损伤区域呈椭圆形,损伤和裂纹主要沿 y 轴方向扩展,而 x 轴方向的裂纹受到明显抑制。这是最大主应力产生的环向压应力的抑制作用引起的,且水平地应力与垂直地应力的比值偏离 1 越远,损伤区离心率越大。需要注意的是,对于案例 1 和 2,其水平应力相等,而案例 2 垂直应力更大,后者裂纹向 x 轴方向扩展受到的抑制作用更强,反而促进了 y 轴方向的裂纹扩展。综上所述,围压可以显著影响煤岩的破坏模式,并对损伤演化和裂纹扩展起导向作用。

根据图 4-35(a)中的监测线得到 x 轴和 y 轴方向的损伤累积模拟值,并对其进行拟合,结果如图 4-39(a)和图 4-39(b)所示,然后通过 LS-PrePost 软件测量不同地应力条件下 x 轴和 y 轴方向裂纹最大长度,结果如图 4-39(c)所示。可以发现,x 轴和 y 轴方向的损伤都呈

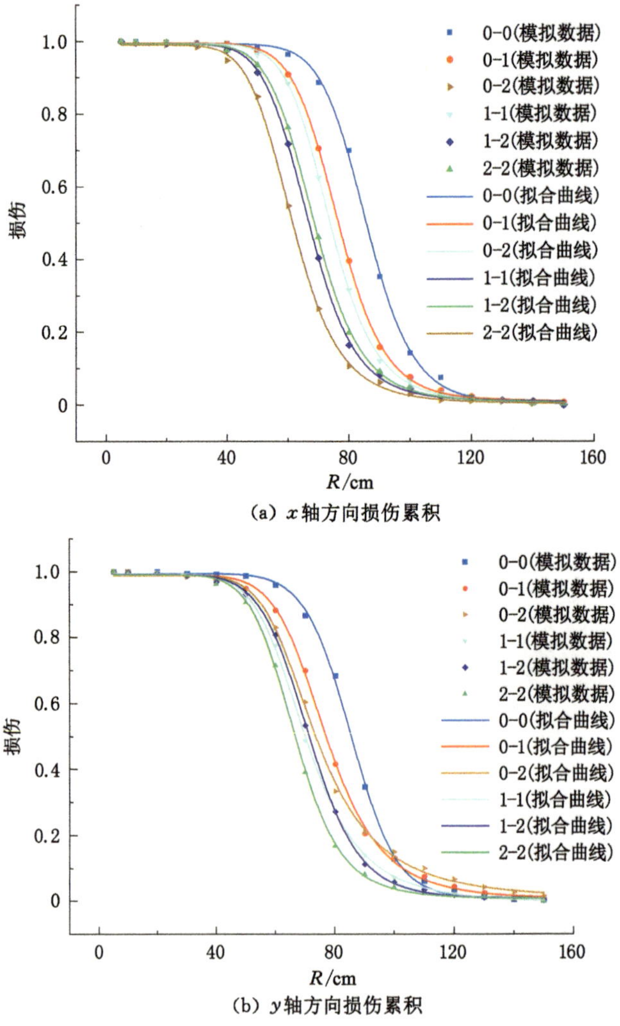

(a) x 轴方向损伤累积

(b) y 轴方向损伤累积

图 4-39　不同地应力条件下煤体中 x 轴和 y 轴方向的损伤累积与裂纹长度

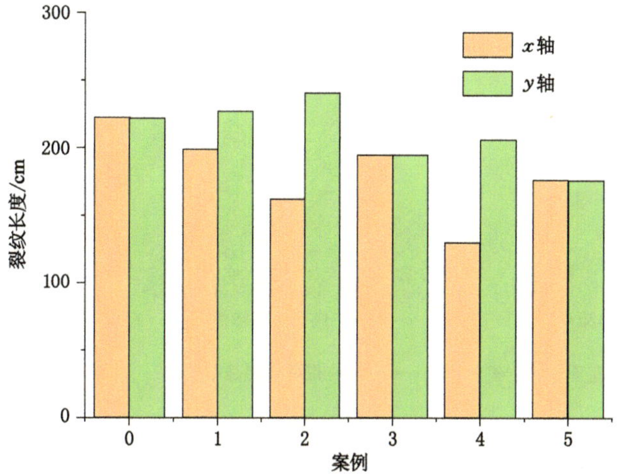

(c) 不同地应力条件下的裂纹长度

图 4-39(续)

S 形衰减，且随着围压增大，损伤衰减越早，裂纹越短，也就是说围压显著抑制了损伤裂纹的扩展。根据测量结果，案例 0—5 的最大裂纹长度分别为 2.22 m、2.27 m、2.40 m、1.95 m、2.06 m、1.76 m。可以看到，对于案例 1、2 而言，其最大长度裂纹产生在 y 轴方向且大于无围压情况，这是由于环向应力对 x 轴方向裂纹扩展起着抑制作用，反而促进了裂纹在 y 轴方向的扩展。这与前文分析结果一致。

4.2　二氧化碳致裂对煤岩瓦斯驱替效果的影响

二氧化碳致裂器中的液态二氧化碳在相变后会产生大量的气体，气体进入煤岩的孔隙后会对孔隙中的瓦斯气体产生驱替效应[34]。但由于气体不是持续进入的，所以产生的驱替效应有限。笔者就驱替瓦斯进行简要介绍，并简单介绍液态二氧化碳与超临界态二氧化碳对煤岩瓦斯的驱替效果。

瓦斯在煤样中的吸附、解吸过程基本保持一致，属于互逆的两个过程，吸附过程一般经过渗流、扩散和吸附三个阶段，解吸过程一般经过解吸、扩散和渗流三个阶段。煤样在瓦斯气体环境中的具体吸附过程如图 4-40 所示：当煤样置于一定压力瓦斯或气体环境中时，煤体内外的压力差增加，瓦斯或气体分子首先在气体压力梯度的作用下在煤体颗粒空隙间流动，其次在煤体裂隙网络中做渗流运动，再次在气体浓度梯度的作用下从裂隙网络进入煤基质，在煤基质大孔、中孔、微孔孔隙中相继做扩散运动，最后吸附在煤的孔隙内表面。

4.2.1　煤岩中气体运移机理

煤体中，吸附与解吸的瓦斯分子在不断地进行交换，在外界条件不变的情况下处于动态平衡的状态。当对煤层进行开采或者进行瓦斯抽采时，外界扰动影响到分子的能量，使煤层的原始平衡状态被破坏，从而引起煤层中瓦斯气体的流动，直至达到新的平衡状态。瓦斯气体穿过煤的孔裂隙通道在煤体中的流动情况可以描述为解吸、扩散、渗流三者相互制约的过程[35]。

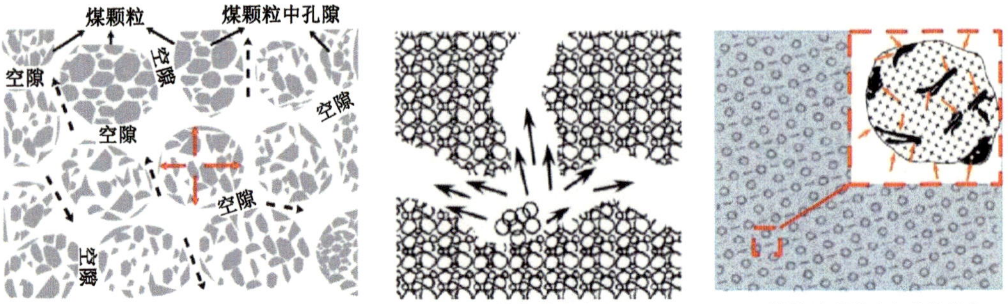

(a) 煤颗粒中气体流动　(b) 煤体裂隙渗流　(c) 煤基质孔隙中气体扩散与孔隙表面吸附/脱附

← 气体在煤基质孔隙中扩散　← 气体在煤颗粒裂隙中渗流　← - 气体在煤孔隙中流动

图 4-40　煤岩中瓦斯运移

4.2.1.1　瓦斯的解吸

煤对气体的吸附是具有可逆性的物理行为，煤的等温吸附解吸曲线相似且都与 Langmuir 模型相符合[36]。当平衡压力降低时，原有的吸附平衡被打破，吸附在煤分子表面的气体脱附释放，这恰好与气体的吸附过程相反。脱离吸附状态的气体到达孔隙空间成为游离态，它们与吸附态的瓦斯一起互相交换又构成新的动态平衡。因此，在煤矿开采和瓦斯抽采过程中，通过降低压力来实现气体解吸是最主要的手段。在实际的生产活动中，当在井下进行巷道掘进或者施工抽采钻孔时，煤层本来的应力平衡受到干扰，此时就会在工作面或钻孔的周围产生应力集中区域，应力的变化使得围岩产生细微的裂隙，从而改变了煤层的渗透性。影响吸附、解吸平衡的条件变化导致煤基质与瓦斯气体的吸附体系破坏，吸附态的气体向游离态转化，从而脱离吸附体系，吸附、解吸动态平衡中的吸附气体解吸出来。

然而在实际情况中，煤层中气体是否降低压力就立刻解吸主要由煤储层吸附饱和度决定。如果煤层所储存的气体达到饱和状态，一旦气体所处环境压力降低气体就立刻开始解吸；如果在一定压力下煤储层没有达到最大吸附量，那么煤层所储存的气体也就没有达到饱和状态，此时即使降低气体所处环境的压力，气体也不会立刻就发生解吸，直到压力降低到一定值时才会发生气体的解吸。

4.2.1.2　瓦斯的扩散

当流体中所含溶质存在浓度梯度时，这种浓度的不均衡状态会引起物质的运移，人们将这种现象称为扩散。由于浓度梯度的存在，流体分子在其驱动之下由高浓度区向低浓度区运移，从而使浓度趋于均衡。气体分子在热运动的过程中不断地相互碰撞，产生的能量随着流动而迁移，因此分子扩散的本质其实就是能量的迁移。通过对煤的结构分析可知，煤基质内部的孔隙直径极小，气体分子在其中的渗透率很低，这导致渗流基本可以忽略，因此，在煤基质中气体的运移方式普遍认为是扩散。

煤基质孔隙内的瓦斯气体扩散作用受孔隙大小、形状以及气体本身性质的影响。人们一般将扩散分为菲克型扩散、克努森型扩散和表面扩散三种[37]。当克努森数大于或等于 10 时孔径远大于气体分子平均自由程，此时的分子碰撞活动只发生在自由气体分子之间，扩散方式属于菲克型扩散；当克努森数小于或等于 0.1 时孔径小于气体分子平均自由程，在这种情况下主要发生的是气体分子与固体壁面之间的碰撞，扩散方式属于克努森型扩散；当克努森数介于上述两者之间时孔径与气体分子平均自由程相当，扩散过程受到两种扩散机理共同的制约。另外，由于煤粒的表面凹凸不平且煤体具有多孔特性，煤体是很好的吸附剂，煤体的表面吸附了大量的瓦斯气体分子后就会发生表面扩散。

当煤层受到采动或者注气驱替瓦斯的影响时，煤层中的动态平衡被打破，这造成了压力差的同时也引起了浓度差，此时煤层中瓦斯气体分子的扩散作用就得以进行。扩散的进程是复杂和缓慢的，可以概括为三个不同的阶段：第一阶段，在采动或注气驱替的初期，产出气体主要是处于裂隙中的游离态瓦斯气体，由于瓦斯气体在裂隙通道中的流动远比扩散速度快，这一阶段煤基质内的游离态瓦斯还没有及时扩散到裂隙中去；第二阶段，煤基质瓦斯与裂隙内瓦斯形成浓度差，在浓度梯度的作用下浓度高的基质内瓦斯由内到外向瓦斯浓度低的裂隙中扩散，这导致煤基质内的瓦斯浓度降低；第三阶段，瓦斯由内向外的扩散导致基质内部瓦斯压力降低，所以气体脱附后仍在继续扩散，随着瓦斯的扩散，裂隙以及基质压力继续降低，吸附在基质微孔内表面上的瓦斯也开始解吸，随时间推移经过扩散流出煤壁。

瓦斯在煤基质微孔中的扩散可分为拟稳态扩散和非稳态扩散，两者分别符合菲克第一定律和菲克第二定律[38]。在拟稳态扩散中，假设在扩散过程中基质内每一时间段具有某一平均瓦斯气体浓度。为了使求解和计算简单化，我们在数值模拟中提出假设，即吸附状态的气体运移为扩散过程且服从菲克第一定律。在此我们只对拟稳态模式扩散进行探讨。根据菲克第一定律的描述，在浓度梯度作用下，基质内瓦斯气体的扩散量数学表达式为[39]：

$$J = -D\nabla C \tag{4-27}$$

式中　J——单一组分的扩散量，$\text{mol}/(\text{m}^2\cdot\text{s})$；

D——扩散系数，m^2/s；

C——浓度，mL/m^3。

式(4-27)中，扩散系数总是一个正数，而扩散运动是沿着浓度降低的方向进行的，所以公式中要加一个负号用来表示扩散运动指向浓度低的方向。

4.2.1.3　瓦斯的渗流

我国煤储层的渗透率比较小，一般情况下，煤层渗透率是随着压力或者深度的增加而减小的。当煤层气体压力减小时，煤中割理的宽度变小，随着煤中气体的解吸，气体从微孔中排出，导致煤基质块收缩，割理的宽度变大，这说明煤的渗透性随着开采时间的延续有着逐渐变好的趋势；距离气井越远，渗透率的变化就越小；煤的割理越发育，束缚水的饱和度越低，气体的相对渗透率就越高。煤层的渗透率和煤变质程度、煤岩组分以及煤的灰分有着密切的关系。煤层渗透率的各向异性十分明显。由于煤层的渗透率在很大程度上受裂隙的控制，故在裂隙较为发育且延伸较长的方向，煤层的渗透率往往较高，这一方向上的渗透率通常要比与其垂直方向上高出几倍甚至一个数量级。另外，煤层的渗透率对应力最为敏感，它随着有效应力的增大而减小。

当煤层中存在压力梯度时，煤层内瓦斯沿着压力降低的方向运移。煤层内部的裂隙系统可以看作一种大尺度上均匀分布的连续介质，它构成瓦斯气体渗流的主要通道，因此瓦斯流动可简化为一维的平行流动。线性瓦斯渗流理论认为，瓦斯在煤层中的流动规律基本符合达西定律。

1856 年，法国科学家达西通过对试验结果的总结归纳，得出了著名的达西定律：

$$v = -\frac{k}{\mu}\frac{\mathrm{d}p}{\mathrm{d}x} \tag{4-28}$$

式中　v——流速，m/s；

μ——气体动力黏度，Pa·s；

k——渗透率，m^2；

$\mathrm{d}x$——与流体渗流方向一致的极小长度，m；

$\mathrm{d}p$——$\mathrm{d}x$ 长度内的压力差，Pa。

驱替过程中的气体渗流包括注入气体和瓦斯两种气体的流动，但是各单一组分气体的渗流都分别服从达西定律，气体分子的重力造成的影响相对较小，可以忽略。因此驱替过程中总的渗流流速可以表达为：

$$v = -\frac{k}{\mu_i}\nabla p \tag{4-29}$$

式中　μ_i——气体组分 i 的动力黏度，Pa·s；

p——总压力，$p = p_1 + p_2$，Pa。

4.2.1.4　注气驱替过程中气体运移过程

注气驱替煤层瓦斯过程也是一个渗透、扩散、吸附、解吸的过程。在注入气体时，气体分子不能与所有孔隙、裂隙的表面接触，因此在煤层中形成了一定的浓度梯度和压力梯度。在尺寸较大的裂隙、孔隙系统内，压力梯度引起的气体渗流服从达西定律。之后气体向煤体深部进行渗透-扩散运移的同时，与接触到的煤体孔隙、裂隙表面发生吸附作用。对于瓦斯而言，在边注边采的驱替过程中，初期流出的瓦斯主要是煤层裂隙内的游离瓦斯，此时基质块内的瓦斯来不及扩散到裂隙中，此阶段是煤层瓦斯运移的第一阶段；第二阶段是过渡阶段，受到注气影响的基质块中瓦斯扩散涌出至裂隙通道，裂隙内瓦斯流出后逐渐形成由内到外的浓度差，瓦斯便在这种浓度差作用下，从基质块向裂隙扩散，基质块内瓦斯的扩散使其浓度降低；第三阶段，此时瓦斯已从基质块扩散运移至裂隙中，受到置换作用后吸附于基质块微孔表面，解吸出的瓦斯经扩散作用运移到裂隙中，流出煤体。因此，整个注气驱替瓦斯过程，是一个渗透-扩散、吸附-脱附的综合过程。

4.2.2　煤岩对甲烷与二氧化碳吸附对比

大量的研究表明，二氧化碳和甲烷或其混合气体在煤中的吸附隶属Ⅰ型等温吸附线，可用兰氏方程定量描述。同时发现煤对这两种气体的亲和能力存在显著差异：二氧化碳具有优先吸附、滞后解吸的特征。基于这一现象开创了温室气体减排和煤层气强化开发的新途径。即利用煤优先吸附二氧化碳的特征将二氧化碳储存在目前还不具备经济开发价值的煤层中，以减少向大气的排放；利用二氧化碳优先吸附、滞后解吸的特征，将二氧化碳注入煤层以驱使甲烷快速产出。

根据对大量吸附/解吸等温线和吸附/解吸特性曲线的分析，可归纳为以下 3 种情形。

4.2.2.1　情形Ⅰ

以德国 Argonne Premium 煤的吸附/解吸为代表。二氧化碳和甲烷的解吸量均小于其吸附量，且在 1～3 MPa 之间甲烷表现最为显著（图 4-41）。在这一压力区间甲烷和二氧化碳的解吸特性曲线近乎重合，向低压和高压区间二氧化碳的吸附势和吸附空间均大于甲烷且有逐渐增大的趋势（图 4-42）。这说明该地区煤层在 1～3 MPa 储层压力区间不利于注二氧化碳驱甲烷；低于或高于上述压力范围则有利，且储层压力越高或越低越有利。因此对这类储层进行注二氧化碳强化甲烷产出时应尽量避开 1～3 MPa 压力的储层。

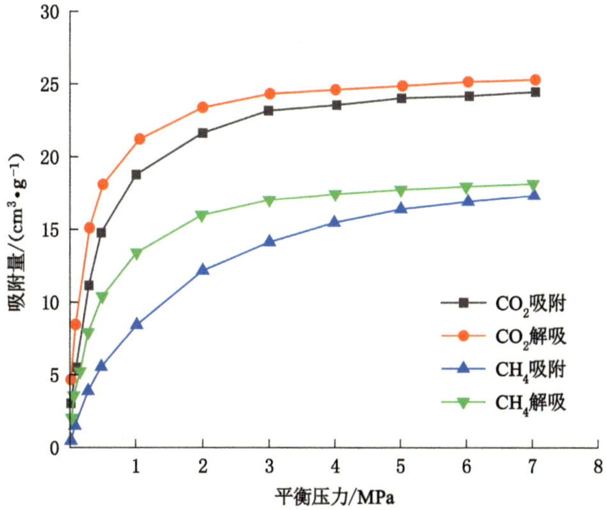

图 4-41　CH_4 和 CO_2 在德国 Argonne Premium 煤(R_o=1.16%)中的吸附/解吸等温线

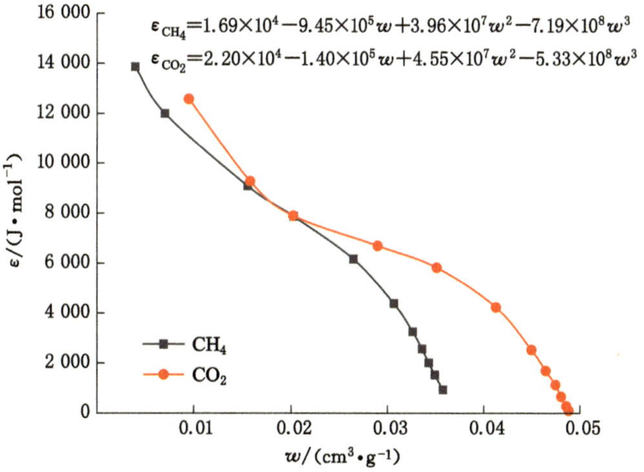

图 4-42　CH_4 和 CO_2 在德国 Argonne Premium 煤(R_o=1.16%)中的解吸特性曲线

4.2.2.2　情形Ⅱ

以潞安煤的吸附/解吸为代表。二氧化碳的吸附、解吸等温线变化一致；甲烷的吸附、解吸等温线交叉于 A 点，对应的吸附压力为 2.5 MPa(图 4-43)，该交叉点对应特性曲线上的 A'点(图 4-44)。由 A 点向低压阶段甲烷的吸附势普遍大于二氧化碳，向高压阶段则相反。这就意味着储层压力小于 2.5 MPa 甲烷的解吸量逐渐减小，二氧化碳的解吸量则逐渐增加；储层压力大于 2.5 MPa 甲烷解吸量逐渐增加，二氧化碳解吸量则减小。针对这类情形，在储层压力大于 2.5 MPa 时注二氧化碳强化甲烷产出效果最佳。该结论在二氧化碳驱替甲烷试验中也得到了证实。

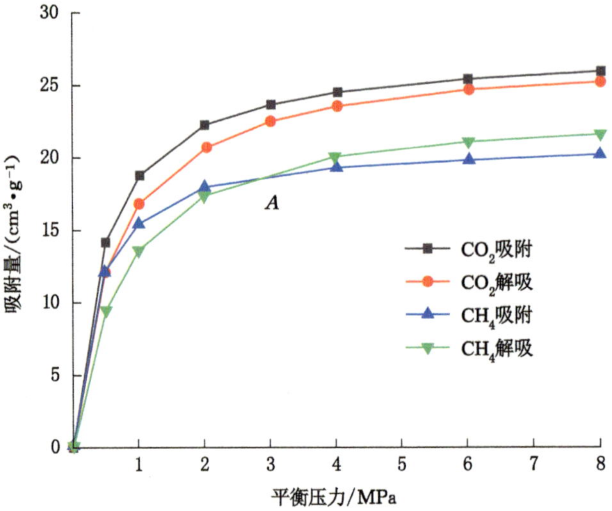

图 4-43　CH_4 和 CO_2 在潞安煤(R_o=1.68%)中的吸附/解吸等温线

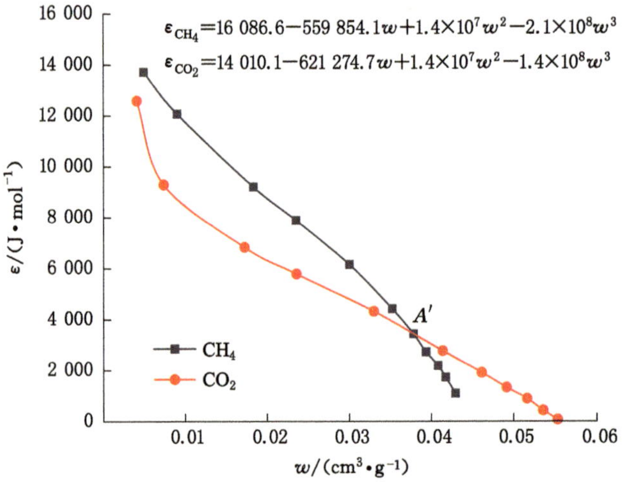

图 4-44　CH_4 和 CO_2 在潞安煤(R_o=1.68%)中的解吸特性曲线

4.2.2.3　情形Ⅲ

以晋城煤的吸附/解吸为代表。甲烷的吸附、解吸等温线一致;二氧化碳的吸附、解吸等温线交叉于 B 点,对应的压力在 2.5 MPa 左右(图 4-45),该点对应特性曲线上的 B' 点(图 4-46)。由 B' 点向低压阶段二氧化碳吸附量减小,解吸量增加。由 B' 点向低压阶段二氧化碳吸附势均低于甲烷,即甲烷的解吸量减小,二氧化碳的解吸量增加。此情形下,当储层压力大于 2.5 MPa 时注二氧化碳强化甲烷产出效果最佳。该结论同样在二氧化碳驱替甲烷试验中得到了证实。

4.2.3　二氧化碳的驱替效应

4.2.3.1　气态二氧化碳驱替效应研究

由于我国煤层渗透率普遍较低,不利于瓦斯的抽采,因此往往需要借助其他手段来提高

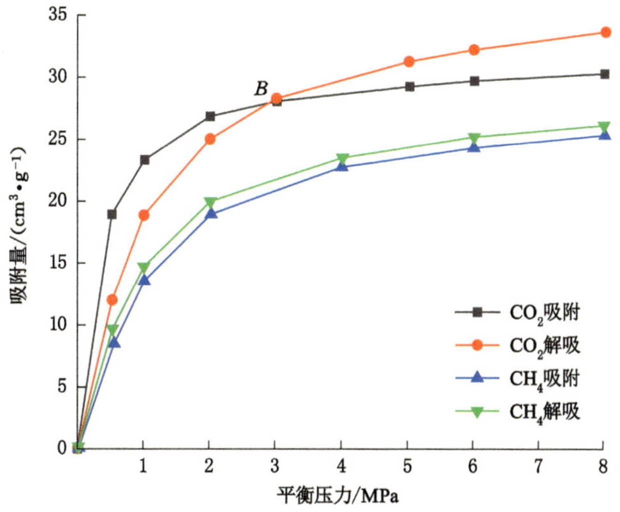

图 4-45　CH_4 和 CO_2 在晋城煤($R_o=4.27\%$)中的吸附/解吸等温线

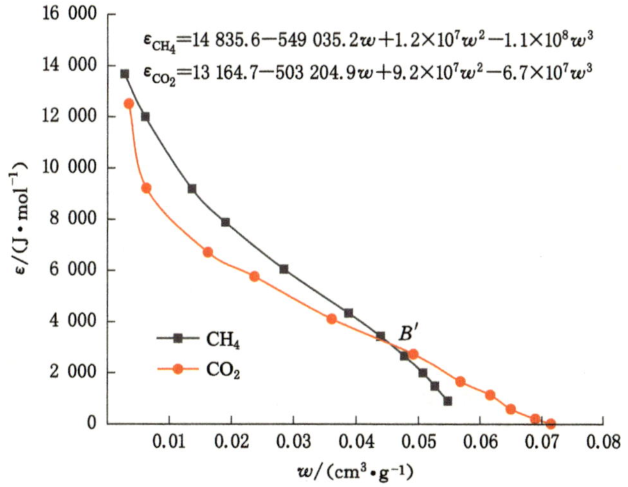

图 4-46　CH_4 和 CO_2 在晋城煤($R_o=4.27\%$)中的解吸特性曲线

瓦斯的采收率[40]。在提高瓦斯采收率手段方面，钻孔和煤层割缝等都能起到一定的效果，但是因为瓦斯在煤层中主要以吸附状态赋存，只有很少一部分以游离状态存储于煤的割理和自然裂隙系统中，所以其作用并不是特别明显[41]；排水降压法是较为普遍的瓦斯生产方法，然而煤储层经过排水降压后储层中使瓦斯流到井筒的能量减小，从而大大降低了产气效率，而且若储层内存在的是饱和水，排水的方法会导致瓦斯的产出在时间上明显滞后于水的产出；注水驱气的手段也有其可行性，但是通过第 2 章对煤孔隙结构的分析可知，气体在孔隙系统的小孔和微孔中大量存在，而水分子无法进入其中就会将孔口封闭，进而将煤层内部的孔隙阻塞，所以注水驱气时会造成煤层微小深孔所吸附的瓦斯很难被驱赶出来，产气效率大大降低。所以有学者考虑煤层注入气体置换驱替瓦斯，以克服上述方法的不足。

注气驱替生产多采用氮气、混合气以及烟道气等工业废气作为驱动气体。学者们对吸附性气体的吸附能力展开过大量的研究，发现煤对 N_2、CH_4、CO_2 三种气体的吸附能力逐渐增强[42]。在注气驱替的过程中，煤层会快速吸附，随着纯 CO_2 气体的注入，煤层的混合气体中 CO_2 气体分压不断升高，这会加速煤体吸附的进程，原本吸附瓦斯的吸附空间会被占据；与此同时，瓦斯气体分压不断降低，瓦斯气体不断解吸变成游离态，在注入高压 CO_2 气体形成的压力梯度下被排挤出来。所以基于吸附性强这一特性，CO_2 被认为是常用气体中作为驱动气体的最佳选择。通过注入吸附能力明显高于瓦斯的 CO_2，用其置换煤体瓦斯，以提高瓦斯采收率，这种技术称为 CO_2-ECBM[43]。

我们都知道 CO_2 是一种会引起气候和环境变化的温室气体，CO_2-ECBM 实践结果表明，对于渗透性低和难以开采的煤层采取注 CO_2 驱替煤层瓦斯的措施，在提高煤层产气率的同时还可以永久性地将温室气体 CO_2 封存于地下煤层中。而且研究结果显示，根据条件的不同，置换单位体积的瓦斯气体可以储存 2～10 倍单位体积的 CO_2 气体。因此，将 CO_2 储存在煤层中来置换瓦斯一举两得，不但可以提高瓦斯的采收率，提供更多能源，还可以减缓温室效应。

煤分子对瓦斯和 CO_2 分子之间的作用力存在差异，这使得煤体对瓦斯和 CO_2 的吸附能力有所不同[44]。这种作用力由相同压力下气体沸点决定，沸点越高则吸附性能越强。如表 4-22 所示，由于 CO_2 气体的沸点高于瓦斯气体，所以煤体对 CO_2 的吸附能力超过瓦斯。有学者从量子化学的角度对不同气体在煤表面的吸附能力进行研究，降文萍等通过对两种气体吸附势阱的计算，发现 CO_2 的吸附势阱远远超过瓦斯。这些论证都证明在煤体中 CO_2 对瓦斯气体有很强的驱替能力。相比瓦斯气体，煤对 CO_2 气体的吸附性更强，故向吸附了瓦斯的煤层中注入吸附性更强的 CO_2 气体后，CO_2 就会与原本吸附的瓦斯发生竞争吸附作用。在这一过程中，不同气体的吸附是同时发生的，这就导致两种气体对煤体内相同的吸附位产生竞争关系，而煤体对 CO_2 的吸附性能高于瓦斯，CO_2 与瓦斯竞争置换瓦斯得到吸附位，使得原本瓦斯的吸附平衡破坏，瓦斯解吸并被排挤出来[45]。

表 4-22 二氧化碳、瓦斯的吸附能力与物理参数的关系

物理参数	瓦斯	二氧化碳
沸点 t_b/℃	−161.49	−78.48
临界温度 t_c/℃	−82.01	31.04
临界压力 p_c/MPa	4.640 7	7.386
吸附能力	小→大	

煤的多孔特殊结构产生了较高的剩余表面自由能，这种剩余表面自由能会在孔隙表面产生一定的表面张力。直径较小的孔隙产生的表面张力相对较小，但是其引力场对外部气体也会产生一定大小的吸附力；然而当气体分子直径较大不能进去这类孔隙之内时，这种吸附力会保持而吸附空位一直存在。CO_2 是直线型分子，其分子直径小于瓦斯，注入 CO_2 气体分子直径较小，可以进入上述孔隙之中，吸附空位就会得到补充，使得孔隙的表面张力降低，孔隙内对外部气体的吸附力消失，导致煤分子对周围其他气体分子的吸附能力降低，从而引起气体的解吸。人们将煤基质这种对不同直径气体分子进行“过滤”的作用称为筛滤吸附置换。所以不论煤对气体分子吸附能力如何，只要在煤层吸附了多组分的混合气体达到

平衡后，在相同分压下混合气体中单一组分气体的吸附量都小于单独吸附某一纯气体的吸附量。

当煤层中的气体处于吸附平衡状态时注入 CO_2，由于强吸附性其竞争吸附和筛滤作用将会影响原有稳定状态，引起煤层瓦斯解吸扩散的速率增加，从而实现注气驱替以提高煤层瓦斯产出率的目的。

注气驱替煤层瓦斯属于注气抽采工艺的一种，其机理包括压裂和增加驱动能量。根据煤中瓦斯解吸、扩散和渗流理论以及混合气体吸附理论，对连续注入 CO_2 驱替煤层瓦斯的机制分析如下[46]。

瓦斯的连续抽采卸压会引起煤孔隙压力的降低，而注气端不断有 CO_2 注入可以在煤储层中形成压力梯度，并可以将压力梯度维持在一个较高的状态，不存在煤层渗流下降的问题。连续注入 CO_2 保证了煤层较高的驱动力，这使得煤中瓦斯的渗流速度增大，从而可提高瓦斯的抽采速度和产出率。连续注气其实就是对煤层增能的过程，其原理类似于负压抽采，但是实际中所能实现的负压变化范围也就是一个大气压，这与煤层的高压相比相当有限，而注入的 CO_2 可以达到煤中瓦斯的同等压力水平甚至更高。所以注气驱替更有利于煤中瓦斯的产出，效果要比负压抽采更加明显。

在注气驱替过程中不断置换瓦斯气体，随着 CO_2 连续注入，其分压不断上升，瓦斯分压不断降低，注气引起的渗流速度增加会造成裂隙中瓦斯分压下降速度增快，这时候就会有更多的吸附态瓦斯解吸扩散出来参与到渗流中。两种气体在煤中是互相消长的关系，注入 CO_2 越多效果就越明显，随着驱替进程的持续，越来越多的瓦斯气体解吸并流出煤层[47]。

4.2.3.2　液态二氧化碳驱替效应研究

液态二氧化碳作为一种低温、低黏度流体，其与煤体接触时的瞬时低温冻结作用产生的冻胀力使得煤体结构弱的一面受冷收缩，产生新的裂隙；此外，注入煤层的液态二氧化碳在原始裂隙中渗流扩散时会与煤体产生对流换热现象，液态二氧化碳升温相变，相变压应力能够使煤体裂隙张拉、剪切破坏，迫使煤体原始裂隙扩展延伸及新生裂隙产生，从而扩大煤层中裂隙网络面积，达到增透目的。研究证明，CO_2 在煤基质中的吸附能力强于瓦斯，因此 CO_2 在煤体孔裂隙中渗流扩散时能够很好地置换驱替煤层瓦斯，为瓦斯采前预抽提供了新的途径。

液态二氧化碳驱替煤层瓦斯具有以下五个方面的优势。

① 相变增压：液态二氧化碳注入煤层，与煤体碰撞接触进行热量交换，液态二氧化碳的温度升高后相态发生改变，高压力的气体造成煤体的裂隙网络得到进一步扩张和产生新的裂隙通道，从而有效地提高了其在煤体裂隙内的渗流动力，增强了游离态瓦斯的“驱赶”效应。

② 低温损伤：液态二氧化碳与煤层相比温度更低，低温损伤是指液态二氧化碳与煤体发生接触后，低温造成煤体损伤，使煤体更易发生破坏。低温环境迫使煤基质骨架收缩，进而导致煤岩体内部结构发生破坏，煤体的裂隙网络进一步扩展而变得更加复杂；当煤体的收缩应力大于煤体的张拉应力时，煤体产生新的裂隙通道。

③ 置换解吸：液态二氧化碳受热相变后，在浓度梯度和压力梯度的共同作用下扩散、渗流到煤基质的孔隙内表面，与煤体吸附态瓦斯发生竞争吸附。最终靠较强的吸附能力将瓦斯置换驱替出来，游离态瓦斯在浓度梯度作用下扩散到煤体裂隙网络中，沿着煤体裂隙通道

渗流汇入抽采孔。

④ 低黏渗透：液态二氧化碳黏性和表面张力低，极易连接煤层中的微裂隙，更容易在煤体中渗透和扩散。

⑤ 理化萃蚀：煤中的有机质（如酯、环氧化合物、内酯类、醚等）受二氧化碳的萃取、化学腐蚀，其孔隙率和渗透性进一步增大。

4.2.3.3 超临界二氧化碳驱替效应研究

二氧化碳的三相点为－56.56 ℃、0.52 MPa，临界点为 31.10 ℃、7.38 MPa。随着温度和压力的不断增大，CO_2 不断液化，达到临界点后，进入超临界态。在超临界区内，其在温压轨迹范围内密度变化很大，这导致超临界态具有较大的重力分异作用，容易形成超临界热气，有效规避与储层中瓦斯发生大面积的混合[48]。

在储层高温高压的环境下，CO_2 处于超临界状态，物理性质极不稳定，主要表现为：密度大，近似于液体；黏度低，近似于气体；界面张力几乎为零，能快速进入微小孔道；扩散系数介于气体与液体之间，约为气体的 0.01 倍，扩散性远大于液体；传质特性和溶解特性良好[49]。CO_2 在储层孔道中流动时，会溶解孔道中的部分重质油和污染物，加快孔隙中气体的流动。

超临界二氧化碳置换驱替瓦斯是一个复杂的动态过程，在相同温度压力条件下，CO_2 的传递速率和流动能力都远小于瓦斯，超临界状态下界面张力接近零，扩散性极强，同时超临界状态还可起到强化瓦斯解吸的作用，这对其置换驱替瓦斯十分有利。与瓦斯相比，CO_2 在煤层表面的吸附量更大，在宏观大孔道中渗流阻力相对较大，而在微观小孔隙中扩散速率较慢，且密度大的超临界二氧化碳对瓦斯具有一定的阻溶作用，其在储层高压环境下对以瓦斯为主的煤层气具有明显活塞式的驱替特征。

第 5 章　二氧化碳致裂技术应用效果

选取贵州四处煤矿二氧化碳致裂增透前后的效果进行分析，分别对二氧化碳致裂增透后的透气性系数、自然流量衰减系数、钻孔的抽采浓度和纯量及瓦斯含量进行对比考察分析，以期考察二氧化碳致裂增透技术的应用效果。

5.1　参数对比考察的方法

5.1.1　透气性系数对比考察

5.1.1.1　*考察方法*

采用中国矿业大学所提出的方法测定煤层透气性系数[50]。钻孔施工后封孔并安设瓦斯压力表，待表压稳定后，拆除压力表，并采用煤气表测定钻孔瓦斯自然流量，以后每天测定 1 次，直至瓦斯涌出量基本稳定为止；若因现场条件限制无法测压，煤层瓦斯压力可用瓦斯含量反算。

5.1.1.2　*计算方法*

根据煤层径向不稳定流动理论结合瓦斯压力、煤层瓦斯含量及钻孔参数确定煤层透气性系数。计算公式为[51]：

$$A = \frac{qr_1}{(p^2 - p_0^2)}, B = \frac{4p^{1.5}T}{\alpha r_1^2} \tag{5-1}$$

$$F = B\lambda, Y = \frac{A}{\lambda} \tag{5-2}$$

$F = 10^{-2} \sim 1$ 时，　　$\lambda = A^{1.61}B^{1/1.64}$

$F = 1 \sim 10$ 时，　　$\lambda = A^{1.39}B^{1/2.56}$

$F = 10 \sim 10^2$ 时，　　$\lambda = 1.11A^{1.25}B^{1/4}$

$F = 10^2 \sim 10^3$ 时，　　$\lambda = 1.83A^{1.14}B^{1/7.3}$

$F = 10^3 \sim 10^5$ 时，　　$\lambda = 2.1A^{1.11}B^{1/9}$

$F = 10^5 \sim 10^7$ 时，　　$\lambda = 3.14A^{1.07}B^{1/14.4}$

式中　p——瓦斯压力，MPa；

p_0——测流量时钻孔内绝对瓦斯压力，通常取 0.1 MPa；

q——在排放时间 T 内，钻孔煤层单位暴露面积上的瓦斯流量，$m^3/(m^2 \cdot d)$，$q = Q/(2\pi r_1 L)$；

Q——T 时刻的瓦斯流量，m^3/d；

L——钻孔见煤长度，m，通常可取煤层厚度；

r_1——钻孔半径，m；

T——从开始排放瓦斯到测瓦斯流量 q 时的时间间隔，d；

α——瓦斯含量系数，$m^3/(m^3 \cdot MPa^{1/2})$；

λ——透气性系数，$m^2/(MPa^2 \cdot d)$。

先计算 A、B，然后任选一个 F 值，根据相应的公式计算 λ，最后根据 λ、B 计算 F，若 F 值在原定范围内，则 λ 即煤层的透气性系数，否则重新进行计算。

5.1.2 自然流量衰减系数对比考察

钻孔瓦斯自然流量衰减系数可以作为评估开采煤层瓦斯预抽难易程度的一个标志。根据瓦斯自然流量测定结果，回归计算自然流量衰减系数 β：

$$q_t = q_0 e^{-\beta t} \tag{5-3}$$

式中 q_0——初始瓦斯流量，m^3/min；

q_t——经时间 t 后瓦斯流量，m^3/min；

β——自然流量衰减系数，d^{-1}。

根据所测钻孔瓦斯自然流量，拟合各钻孔自然瓦斯涌出规律及自然流量衰减系数。

5.1.3 钻孔瓦斯抽采浓度和抽采纯量对比考察

二氧化碳致裂完成并正常接抽后，每天采用 CJZ70 型瓦斯抽采综合参数测定仪测定钻孔瓦斯抽采浓度及抽采纯量，作为二氧化碳致裂后的钻孔瓦斯抽采浓度和纯量。将二氧化碳致裂增透后的钻孔平均抽采浓度及纯量与未采用二氧化碳致裂增透的钻孔平均抽采浓度及纯量进行对比。

5.1.4 瓦斯含量对比考察

瓦斯含量作为评价二氧化碳致裂增透的有效参数之一，在二氧化碳致裂增透前取样进行分析，测量二氧化碳致裂前煤样的残余瓦斯含量。可以根据各钻孔的施工孔深、有效抽采长度及瓦斯抽采纯量，计算出各钻孔累计瓦斯抽采纯量，进而计算出各钻孔瓦斯抽采率及煤层残余瓦斯含量。

抽采率计算公式如下[52]：

$$\eta = \frac{Q_c}{Q} = \frac{Q_c}{2WLMN\rho} \tag{5-4}$$

式中 η——抽采率，%；

Q——钻孔控制区域煤层瓦斯含量，m^3；

Q_c——钻孔累计瓦斯抽采纯量，m^3；

W——抽采前钻孔瓦斯含量，m^3/t；

L——钻孔深度，m；

M——煤层厚度，m；

N——钻孔控制半径，m；

ρ——煤层密度，t/m^3。

抽采后煤层残余瓦斯含量计算公式如下：

$$W_{cy} = W(1-\eta) \tag{5-5}$$

式中 W_{cy}——残余瓦斯含量，m^3/t。

5.2　增透技术在大运煤矿应用的效果分析

5.2.1　增透效果考察方案

大运煤矿 11084 工作面运输巷二氧化碳致裂孔及对比孔布置示意图如图 5-1 所示，二氧化碳致裂孔和对比孔的施工参数如表 5-1 所示。本次二氧化碳致裂增透一共布置 20 个二氧化碳致裂孔，为便于二氧化碳致裂增透前后效果对比考察，在 11084 工作面运输巷上帮布置 2 个对比孔，各孔间距为 10 m，孔径 94 mm，孔深依据实际钻机施工能力确定，但不得低于 80 m，开孔高度 1.2 m。二氧化碳致裂工作结束后，开始对二氧化碳致裂区域的透气性系数、钻孔抽采浓度及纯量、瓦斯含量进行考察，通过对比孔考察未采用二氧化碳致裂区域的透气性系数、钻孔抽采浓度及纯量、瓦斯含量。

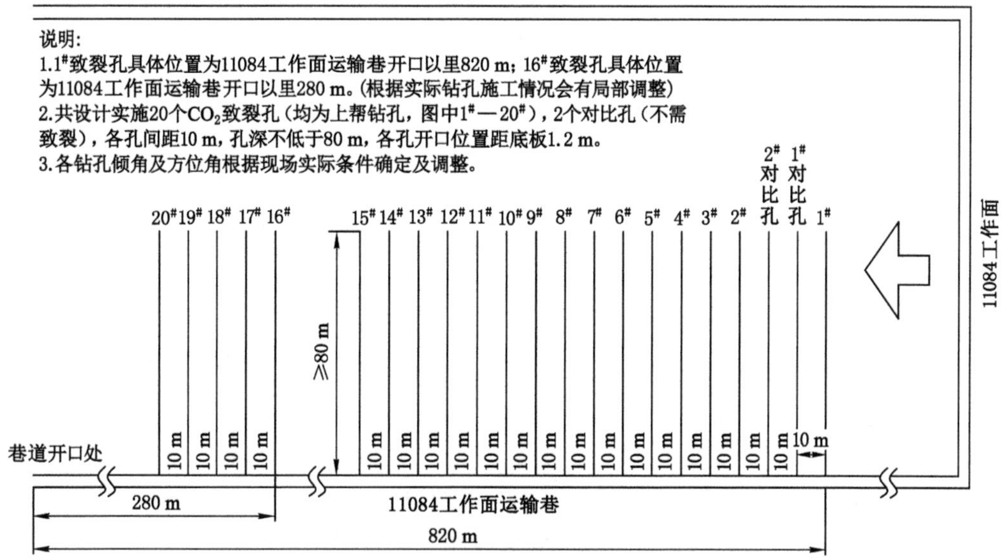

图 5-1　11084 工作面运输巷钻孔布置示意图

表 5-1　11084 工作面运输巷钻孔施工参数

孔号	成孔深度/m	二氧化碳致裂长度/m
1# 致裂孔	84	42
2# 致裂孔	82.5	46
3# 致裂孔	86	48
4# 致裂孔	85.5	50
5# 致裂孔	82.5	42
6# 致裂孔	81	40
7# 致裂孔	84	42
8# 致裂孔	88	48
9# 致裂孔	81	42

表 5-1(续)

孔号	成孔深度/m	二氧化碳致裂长度/m
10# 致裂孔	83	46
11# 致裂孔	121.5	56
12# 致裂孔	111	54
13# 致裂孔	86.5	42
14# 致裂孔	90	46
15# 致裂孔	94	44
16# 致裂孔	91.5	42
17# 致裂孔	138	49
18# 致裂孔	120	47
19# 致裂孔	100.5	50
20# 致裂孔	142.5	55
1# 对比孔	81	—
2# 对比孔	85	—

5.2.1.1　透气性系数对比考察方案

对 1# 对比孔、2# 对比孔的透气性系数进行测定,作为煤层的原始透气性系数;对采用二氧化碳增透后的 5#、10#、15# 致裂孔的透气性系数进行测定,作为增透后的透气性系数;将二氧化碳致裂孔与未采用二氧化碳致裂对比孔的透气性系数进行对比。

5.2.1.2　钻孔瓦斯自然流量衰减系数对比考察方案

对 1# 对比孔、2# 对比孔的钻孔瓦斯自然流量衰减系数进行测定,作为煤层的原始钻孔瓦斯自然流量衰减系数;对采用二氧化碳增透后的 5#、10#、15# 致裂孔的钻孔瓦斯自然流量衰减系数进行测定,作为增透后的钻孔瓦斯自然流量衰减系数;将二氧化碳致裂孔与未采用二氧化碳致裂对比孔的钻孔瓦斯自然流量衰减系数进行对比。

5.2.1.3　钻孔瓦斯抽采浓度和抽采纯量对比考察方案

将 1#、2# 对比孔联抽后,每天观测各孔的瓦斯抽采浓度和纯量,作为二氧化碳致裂增透前的钻孔瓦斯抽采浓度和纯量;二氧化碳致裂孔致裂完成并正常联抽后,每天观测各二氧化碳致裂孔的瓦斯抽采浓度和纯量,作为二氧化碳致裂后的钻孔瓦斯抽采浓度和纯量;将二氧化碳致裂孔与未采用二氧化碳致裂对比孔的钻孔平均瓦斯抽采浓度和纯量进行对比。

5.2.1.4　瓦斯含量对比考察方案

二氧化碳致裂孔施工时,选取 4 个钻孔(6#、7#、8#、9#)取样测定煤层的瓦斯含量(取样深度不小于 30 m)作为二氧化碳致裂增透前的原始瓦斯含量,抽采 30 d 后,计算钻孔瓦斯抽采率及残余瓦斯含量;对比孔施工时,选取 2 个钻孔取样测定煤层的瓦斯含量(取样深度不小于 30 m)作为煤层的原始瓦斯含量,抽采 30 d 后,计算钻孔瓦斯抽采率及残余瓦斯含量;将二氧化碳致裂孔与未采用二氧化碳致裂对比孔的抽采率及残余瓦斯含量进行对比。

5.2.2　透气性系数对比考察

各测定孔封孔后,对钻孔瓦斯自然流量进行测量,测量结果如表 5-2 所示。

表 5-2　煤层瓦斯自然流量测试结果　　单位：$m^3 \cdot d^{-1}$

测试时间/d	1# 对比孔	2# 对比孔	5# 致裂孔	10# 致裂孔	15# 致裂孔
1	0.030	0.032	0.052	0.048	0.051
2	0.027	0.030	0.049	0.045	0.049
3	0.026	0.025	0.047	0.043	0.048
4	0.023	0.023	0.045	0.041	0.048
5	0.020	0.021	0.043	0.040	0.047
6	0.018	0.019	0.042	0.039	0.046
7	0.014	0.015	0.041	0.038	0.045

根据透气性系数计算公式可得各孔煤层透气性系数，如表 5-3 所示。

表 5-3　煤层透气性系数

孔号	1# 对比孔	2# 对比孔	5# 致裂孔	10# 致裂孔	15# 致裂孔
透气性系数/[$m^2 \cdot (MPa^2 \cdot d)^{-1}$]	0.121	0.132	0.389	0.364	0.442

如表 5-3 所示，二氧化碳致裂增透前煤层瓦斯透气性系数 λ 为 0.121～0.132 $m^2/(MPa^2 \cdot d)$，平均透气性系数为 0.127 $m^2/(MPa^2 \cdot d)$，二氧化碳致裂增透后煤层瓦斯透气性系数 λ 为 0.364～0.442 $m^2/(MPa^2 \cdot d)$，平均透气性系数为 0.398 $m^2/(MPa^2 \cdot d)$，煤层二氧化碳致裂后，其透气性系数为原始煤层的3.13 倍。

5.2.3　钻孔瓦斯自然流量衰减系数对比考察

根据所测钻孔瓦斯自然流量，拟合各钻孔自然瓦斯涌出规律及自然流量衰减系数，如图 5-2 所示。

由图 5-2 可以看出，二氧化碳致裂前（1#、2# 对比孔）瓦斯自然涌出量随时间延长迅速衰减；二氧化碳致裂后（5#、10#、15# 致裂孔）瓦斯涌出量增加，瓦斯自然涌出量也随时间延长缓慢衰减，但在一段时间内维持在较高的水平。

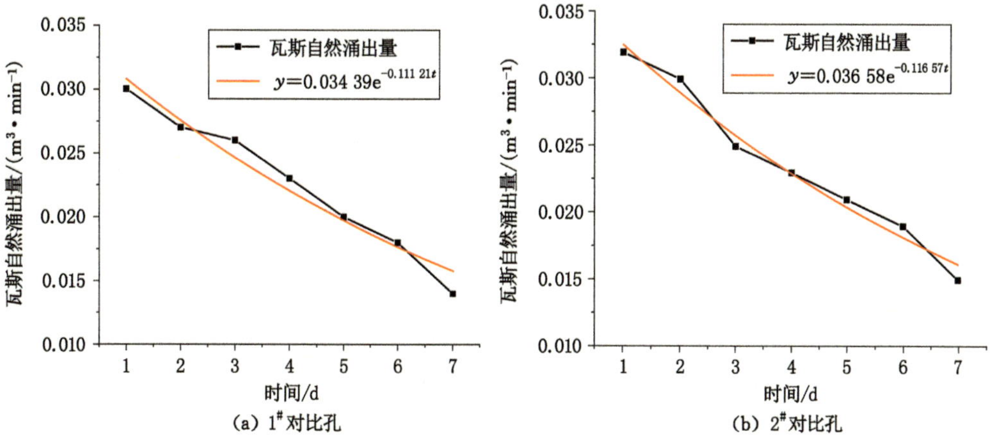

图 5-2　钻孔瓦斯自然流量衰减曲线

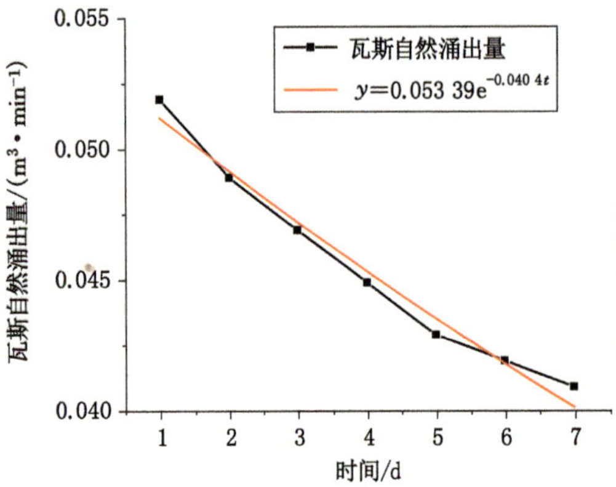

(c) 5#致裂孔

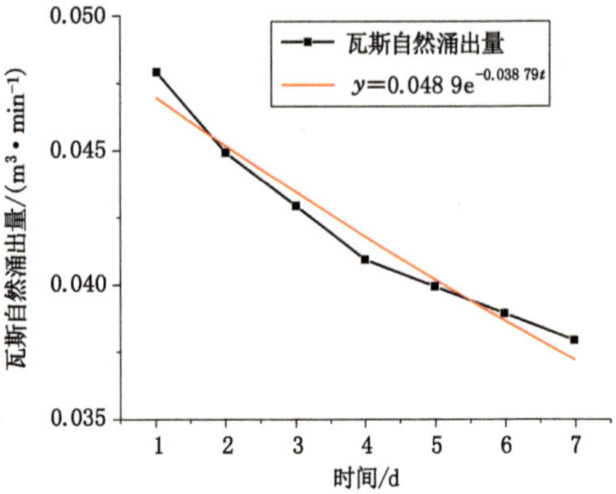

(d) 10#致裂孔

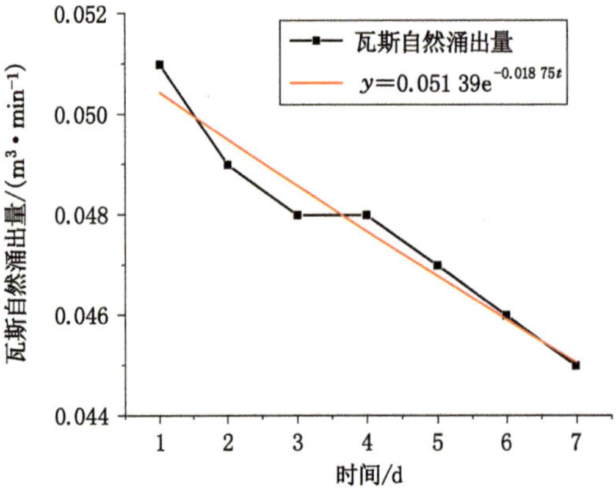

(e) 15#致裂孔

图 5-2(续)

结果表明,增透前钻孔瓦斯自然流量衰减系数 β=0.111 21~0.116 57 d^{-1},平均为 0.113 89 d^{-1},二氧化碳致裂增透后钻孔瓦斯自然流量衰减系数 β=0.018 75~0.040 4 d^{-1},平均为 0.032 65 d^{-1},二氧化碳致裂增透后钻孔瓦斯流量衰减系数减小了 71.3%。可见,二氧化碳致裂增透有效改善了二氧化碳致裂区域内煤体的裂隙结构,促使瓦斯更容易解吸和排放,使瓦斯抽采具有可持续性。

5.2.4 钻孔瓦斯抽采浓度和抽采纯量对比考察

每个钻孔封孔接抽后记录开始抽采时间,并每天采用 CJZ70 型瓦斯抽采综合参数测定仪测定钻孔瓦斯抽采浓度及抽采纯量,部分致裂孔瓦斯抽采浓度及抽采纯量变化曲线如图 5-3 所示。

如图 5-3 所示,在整个二氧化碳致裂增透效果考察期间,5#、10#、15# 钻孔瓦斯抽采纯量基本在二氧化碳致裂 7 d 左右达到高峰,随后出现衰减趋势,但衰减速度较慢,抽采纯量最终都高于 0.08 m^3/min 。5#、10#、15# 钻孔瓦斯抽采浓度在前几天呈上升趋势,后期缓慢下降,钻孔瓦斯抽采浓度最终均高于 60%。

如图 5-4 所示,在整个考察期间,未采用二氧化碳致裂对比孔瓦斯抽采纯量呈衰减趋势,且衰减速度较快,19 d 左右达到稳定状态,抽采纯量维持在 0.01 m^3/min 左右;钻孔瓦

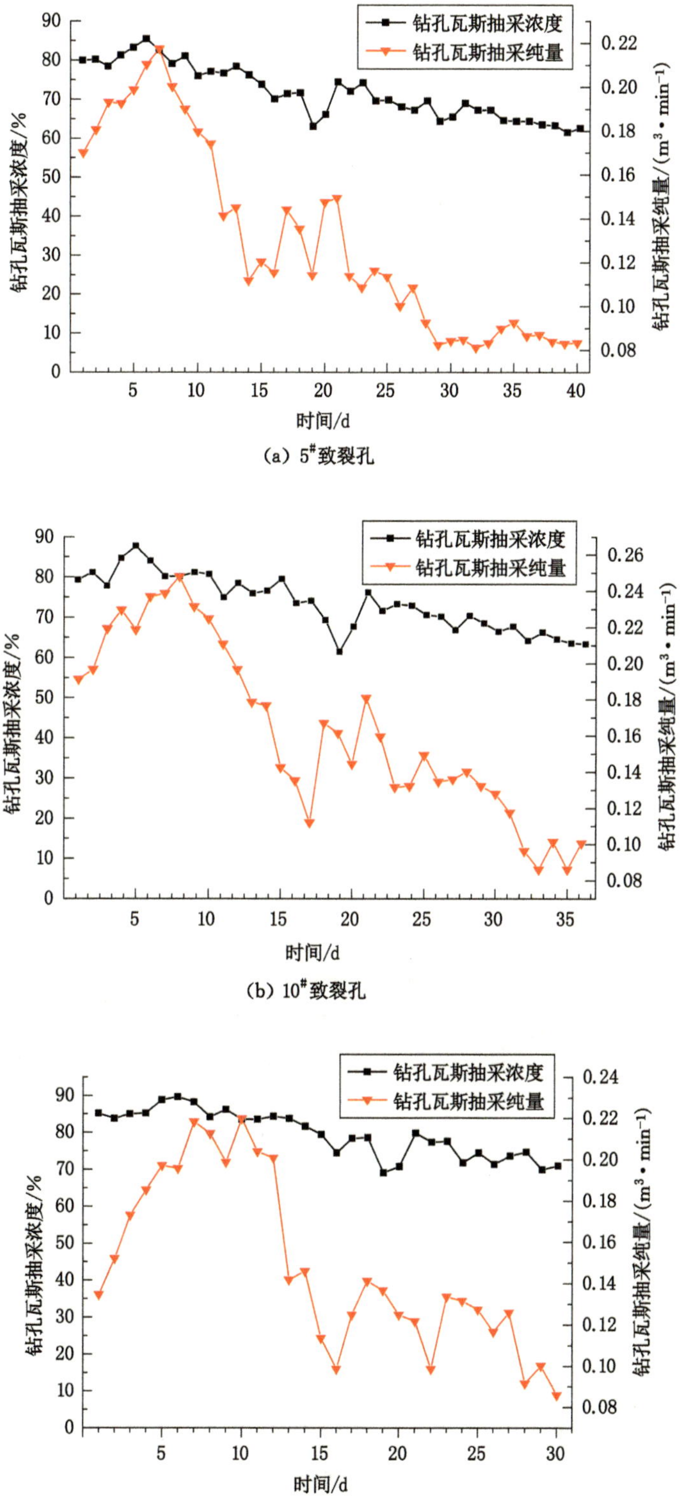

(a) 5#致裂孔

(b) 10#致裂孔

(c) 15#致裂孔

图 5-3　部分二氧化碳致裂孔瓦斯抽采浓度及抽采纯量变化曲线

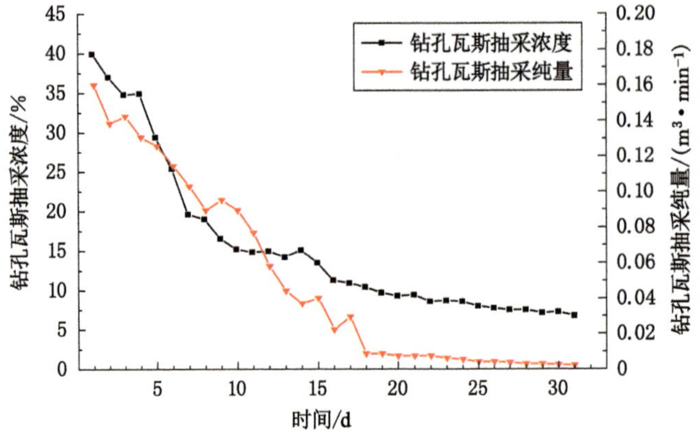

(a) 1# 对比孔

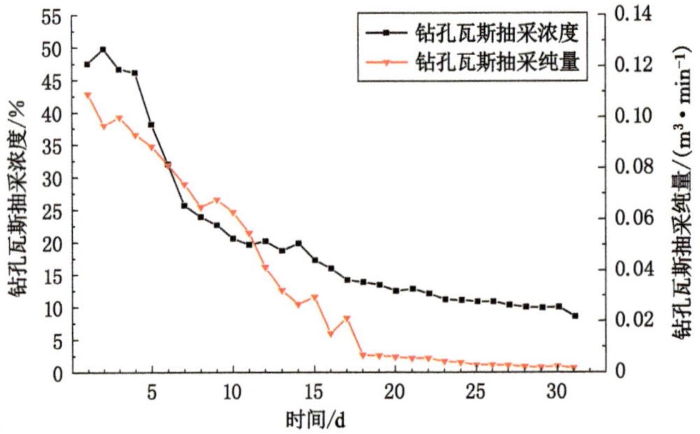

(b) 2# 对比孔

图 5-4 未采用二氧化碳致裂对比孔瓦斯抽采浓度及抽采纯量变化曲线

斯抽采浓度最高为 50%左右，且呈持续衰减的趋势，最终维持在 10%左右。

将二氧化碳致裂区域与未采用二氧化碳致裂区域所有钻孔，在前 30 d 的平均抽采浓度及抽采纯量进行对比，平均单孔抽采浓度对比曲线如图 5-4 所示，平均单孔抽采纯量对比曲线如图 5-5 所示。

由图 5-5 分析可知，接抽 30 d 内，未采用二氧化碳致裂增透区域煤层瓦斯抽采浓度平均为 18.65%，且前期瓦斯抽采浓度呈持续衰减趋势，20 d 后抽采浓度仅维持在 10%左右；二氧化碳致裂区域的煤层瓦斯抽采浓度平均为 78.23%，是未采用二氧化碳致裂区域的 4.19 倍，且瓦斯抽采浓度衰减较缓慢，抽采 30 d 后依旧稳定在 70%上下，可确保瓦斯的稳定持续抽采。

由图 5-6 分析可知，未采用二氧化碳致裂区域钻孔瓦斯抽采纯量呈持续衰减的趋势，最大值仅为 0.135 m^3/min，至 18 d 左右达到抽采平稳期，且抽采纯量仅为 0.01 m^3/min 左右，未采用二氧化碳致裂增透区域煤层瓦斯抽采纯量平均为 0.044 7 m^3/min；采用二氧化碳致裂增透后，钻孔抽采纯量显著增加，二氧化碳致裂完成后，钻孔抽采纯量逐渐增大，至第 7 d 达到最大值 0.258 m^3/min，然后开始下降，到第 15 d 左右达到平稳期，平稳后瓦斯抽采纯量维持在 0.1 m^3/min 左右，二氧化碳致裂增透区域煤层瓦斯抽采纯量平均为 0.172 2 m^3/min，是未采用二氧化碳致裂区域的 3.85 倍。

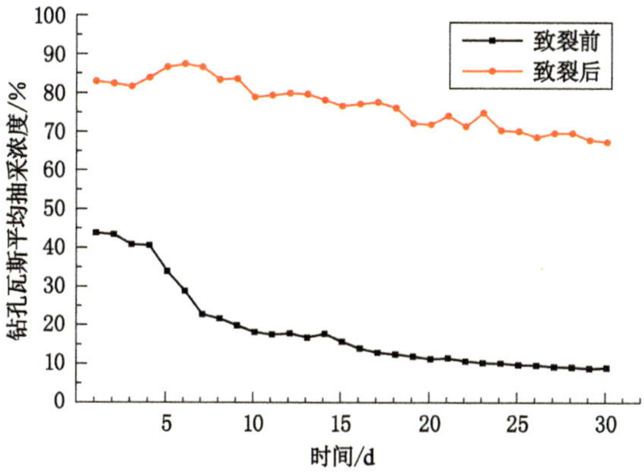

图5-5 平均单孔抽采浓度对比曲线

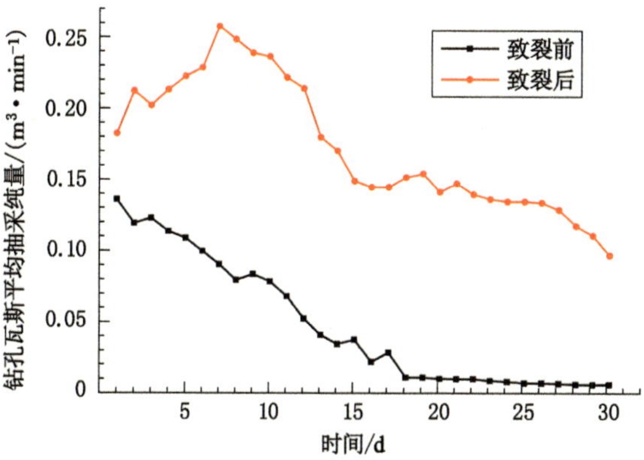

图5-6 平均单孔抽采纯量对比曲线

5.2.5 瓦斯含量对比考察

在二氧化碳致裂孔及未采用二氧化碳致裂对比孔施工钻孔时，分别取样测定煤层的瓦斯含量。测定的抽采前煤层瓦斯含量如表5-4所示。

表5-4 抽采前煤层瓦斯含量

孔号	6# 致裂孔	7# 致裂孔	8# 致裂孔	9# 致裂孔	1# 对比孔	2# 对比孔
瓦斯含量/($m^3 \cdot t^{-1}$)	12.04	11.41	10.86	10.63	10.77	10.31

由于项目实施区域11084工作面运输巷所处M8煤层赋存稳定，且各钻孔均匀分布，因此，根据各钻孔的施工孔深、有效抽采长度及瓦斯抽采纯量，计算出各钻孔抽采30 d内累计瓦斯抽采纯量，进而计算出各钻孔瓦斯抽采率及煤层残余瓦斯含量。

各钻孔抽采率及残余瓦斯含量计算结果如表5-5所示。

表 5-5 各钻孔瓦斯抽采情况

孔号	累计抽采纯量/m^3	抽采率/%	残余瓦斯含量/($m^3 \cdot t^{-1}$)
6# 致裂孔	9 622.5	56.2	5.27
7# 致裂孔	9 282.1	55.2	5.11
8# 致裂孔	7 896.3	47.1	5.74
9# 致裂孔	6 708.4	44.4	5.91
1# 对比孔	2 317.3	15.1	9.14
2# 对比孔	1 755.3	11.4	9.13

由表 5-5 分析可知，在钻孔瓦斯抽采率方面，二氧化碳致裂增透区域单孔的瓦斯抽采效果比未进行二氧化碳致裂增透区域的单孔瓦斯抽采效果提高了 1.94～3.93 倍。接抽 30 d 后，二氧化碳致裂钻孔控制区域煤层残余瓦斯含量均在 8 m^3/t 以下，未进行二氧化碳致裂钻孔控制区域煤层残余瓦斯含量均在 8 m^3/t 以上。

5.3 增透技术在红林煤矿应用的效果分析

5.3.1 增透效果考察方案

根据 39113 工作面运输巷的现有瓦斯抽采情况，设计在 39113 工作面运输巷布置顺层预抽条带煤层瓦斯钻孔，呈扇形布置，共设计 26 个抽采钻孔（其中 7 个二氧化碳致裂孔，4#、7#、11#、14#、17#、20#、23# 钻孔为二氧化碳致裂孔，进行二氧化碳致裂增透），设计钻孔间距平均0.39 m，抽采半径 2.5 m，边孔控制在左、右帮轮廓线 15 m 外。钻孔布置示意图如图 5-7 所示。抽采钻孔现场施工参数见表 5-6。

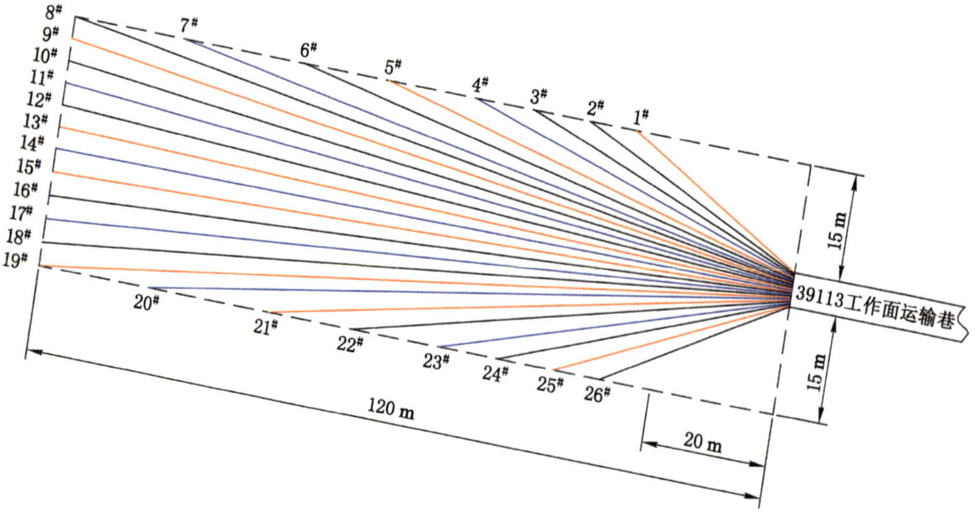

图 5-7 39113 工作面运输巷钻孔布置示意图

表 5-6　39113 工作面运输巷钻孔施工参数

钻孔编号	与巷道夹角/(°)	方位角/(°)	倾角/(°)	孔深/m	
				设计	实际
1#	+27	307	+3	32.47	34
2#	+24	304	+3	38.46	40
3#	+18	298	+3	47.68	50
4#	+17	297	+3	58.21	60
5#	+12	292	+2	70.49	70
6#	+10	290	+3	86.36	86
7#	+5	285	−1	102.24	84
8#	+9	289	+1	120.11	122
9#	+7	287	−2	120.75	122
10#	+7	287	+1	120.47	124
11#	+4	284	−2	120.25	120
12#	+3	283	−1	120.1	130
13#	+1	281	−1	120	124
14#	0	280	−2	120	124
15#	−2	278	0	120.1	124
16#	−3	277	+1	120.16	122
17#	−6	274	−1	120.37	122
18#	−6	274	−2	120.68	120
19#	−10	270	−2	121.11	110
20#	−8	272	−2	102.24	102
21#	−11	269	0	86.36	110
22#	−12	268	−3	70.43	80
23#	−17	263	+1	58.26	60
24#	−19	261	−2	47.68	50
25#	−25	255	+1	38.46	42
26#	−29	251	−2	31.47	40

5.3.1.1　透气性系数对比考察方案

对采用二氧化碳增透后的 4#、14# 和 23# 致裂孔的透气性系数进行测定，取 3 个二氧化碳致裂孔透气性系数平均值作为增透后的透气性系数；将二氧化碳致裂孔与未进行二氧化碳致裂对比孔的透气性系数进行对比。

5.3.1.2　钻孔瓦斯自然流量衰减系数对比考察方案

对采用二氧化碳增透后的 4#、14# 和 23# 致裂孔的钻孔瓦斯自然流量衰减系数进行测定，作为二氧化碳致裂增透后的钻孔瓦斯自然流量衰减系数；将二氧化碳致裂增透后的钻孔瓦斯自然流量衰减系数与上循环未进行二氧化碳致裂增透的钻孔瓦斯自然流量衰减系数进行对比。

5.3.1.3 钻孔瓦斯抽采浓度和抽采纯量对比考察方案

二氧化碳致裂完成并正常接抽后，每天观测煤层抽采钻孔的瓦斯抽采浓度和纯量，作为二氧化碳致裂后的钻孔瓦斯抽采浓度和纯量；将二氧化碳致裂增透后的钻孔抽采浓度、纯量与未进行二氧化碳致裂增透的钻孔抽采浓度、纯量进行对比。

5.3.1.4 瓦斯含量对比考察方案

抽采钻孔施工前，考虑红林煤矿现场打钻效果，视现场情况选取 1 个钻孔取样测定煤层的瓦斯含量，比较钻孔瓦斯含量与矿方提供的该区域未抽采前原始瓦斯含量，取含量较大者作为二氧化碳致裂增透前的原始瓦斯含量；二氧化碳致裂完成抽采一周后，计算钻孔瓦斯抽采率及残余瓦斯含量，如果抽采达标，在 39113 工作面运输巷迎头抽采钻孔中间施工 3 个检验钻孔，用于残余瓦斯含量验证。

5.3.2 透气性系数对比考察

各测定孔封孔后，对钻孔瓦斯自然流量进行测量，测量结果如表 5-7 所示。

表 5-7 二氧化碳致裂钻孔瓦斯自然流量测试结果 单位：$m^3 \cdot d^{-1}$

测试时间/d	4# 致裂孔	14# 致裂孔	23# 致裂孔
1	0.082	0.078	0.088
2	0.081	0.076	0.086
3	0.079	0.074	0.085
4	0.079	0.074	0.084
5	0.076	0.073	0.082
6	0.075	0.072	0.081
7	0.074	0.072	0.080

根据透气性系数计算公式可得各钻孔煤层透气性系数，如表 5-8 所示。

表 5-8 煤层透气性系数

孔号	4# 致裂孔	14# 致裂孔	23# 致裂孔
透气性系数/[$m^2 \cdot (MPa^2 \cdot d)^{-1}$]	0.918	0.880	0.994

如表 5-8 所示，二氧化碳致裂增透后煤层瓦斯透气性系数 λ 为 0.880～0.994 $m^2/(MPa^2 \cdot d)$，平均透气性系数 λ 为 0.931 $m^2/(MPa^2 \cdot d)$，二氧化碳致裂增透前煤层瓦斯透气性系数 λ 为 0.383 $m^2/(MPa^2 \cdot d)$，二氧化碳致裂增透后煤层瓦斯透气性系数为原始煤层的 2.43 倍。

5.3.3 钻孔瓦斯自然流量衰减系数对比考察

根据所测钻孔瓦斯自然流量，拟合各钻孔自然瓦斯涌出规律及自然流量衰减系数，如图 5-8 所示。

由图 5-8 可以看出，二氧化碳致裂后（4#、14#、23# 致裂孔）瓦斯涌出量增加，瓦斯自然涌出量随时间延长较缓慢衰减，且在一段时间内维持在较高的水平。

结果表明，二氧化碳致裂增透后，钻孔瓦斯自然流量衰减系数 β＝0.013 09～

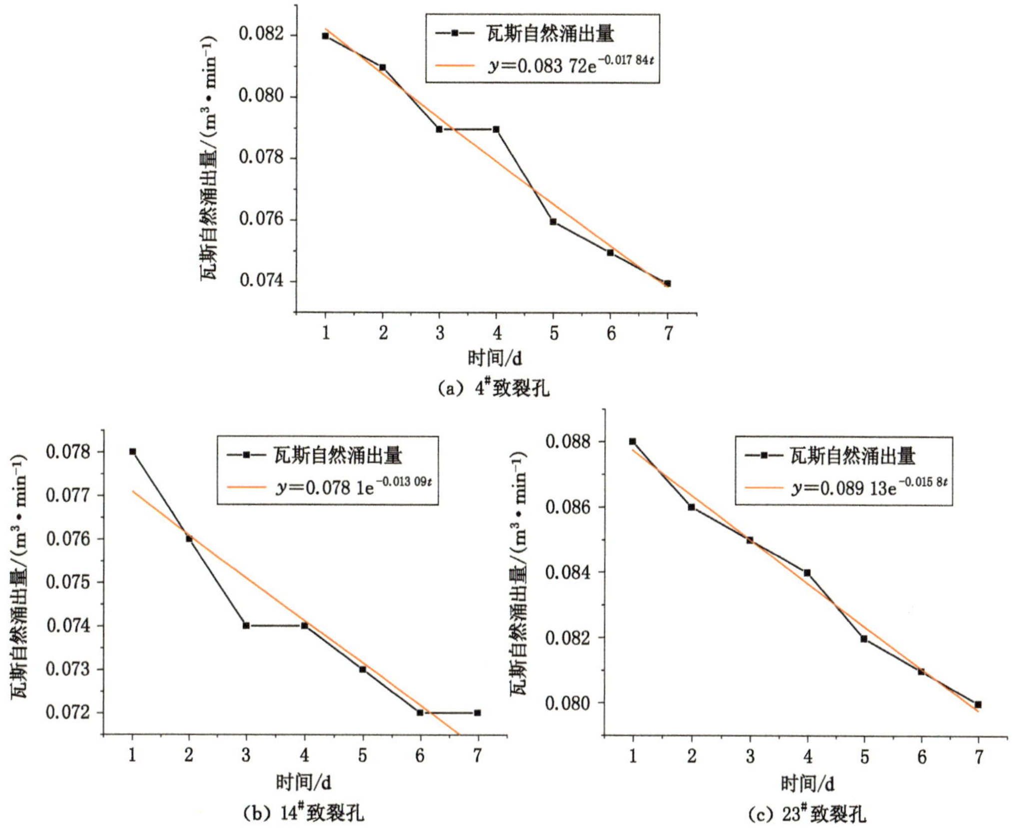

图 5-8　钻孔瓦斯自然流量衰减曲线

0.017 84 d^{-1}，3 个二氧化碳致裂孔平均瓦斯自然流量衰减系数为 0.015 58 d^{-1}，二氧化碳致裂增透前钻孔瓦斯自然流量衰减系数 β=0.046 d^{-1}，即二氧化碳致裂增透后钻孔瓦斯自然流量衰减系数减小了 66.1%。可见二氧化碳致裂增透有效改善了二氧化碳致裂区域内煤体的裂隙结构，促使瓦斯更容易解吸及排放，使瓦斯抽采具有可持续性。

5.3.4　钻孔瓦斯抽采浓度和抽采纯量对比考察

每个钻孔封孔接抽后记录开始抽采时间，并每天采用 CJZ70 型瓦斯抽采综合参数测定仪测定钻孔瓦斯抽采浓度及抽采纯量。部分钻孔瓦斯抽采浓度及抽采纯量变化曲线如图 5-9 所示。

如图 5-9 所示，在整个二氧化碳致裂增透效果考察期间，钻孔瓦斯抽采纯量大致在二氧化碳致裂 7 d 左右达到高峰，随后出现衰减趋势，抽采纯量最终都高于 0.10 m^3/min。钻孔的瓦斯抽采浓度在前几天呈上升趋势，后期缓慢下降，钻孔瓦斯抽采浓度最终均高于 60%。

将二氧化碳致裂区域与未进行二氧化碳致裂区域所有钻孔在前 15 d 的平均抽采浓度及抽采纯量进行对比，平均单孔抽采浓度对比曲线如图 5-10 所示，平均单孔抽采纯量对比曲线如图 5-11 所示。

由图 5-10 分析可知，接抽 15 d 内，未进行二氧化碳致裂增透区域煤层瓦斯抽采浓度平均为 32.61%，且前期瓦斯抽采浓度呈持续衰减趋势，15 d 后抽采浓度仅维持在 20%左右；二氧化碳致裂增透区域的煤层瓦斯抽采浓度平均为 79.81%，是未进行二氧化碳致裂区域

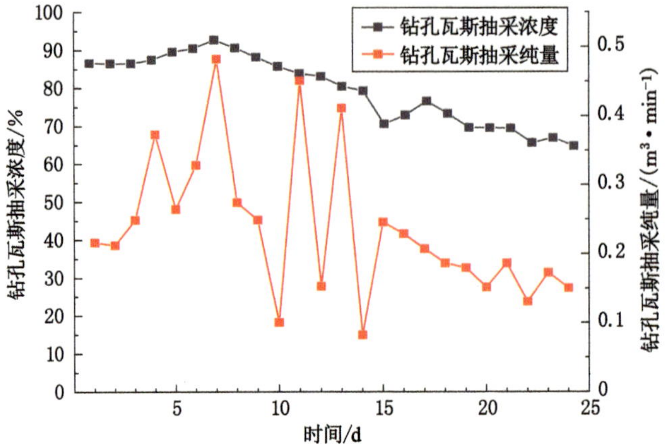

(a) 4#致裂孔

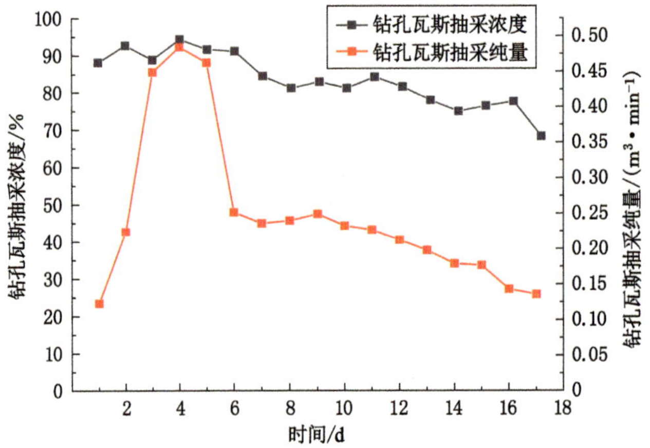

(b) 14#致裂孔

图 5-9　钻孔瓦斯抽采浓度及抽采纯量变化曲线

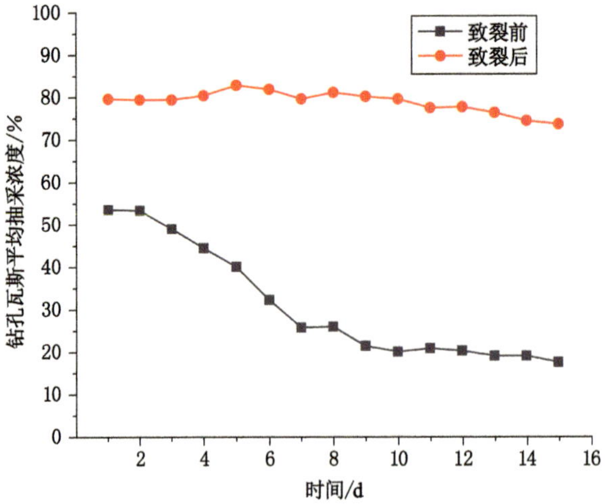

图 5-10　平均单孔抽采浓度对比曲线

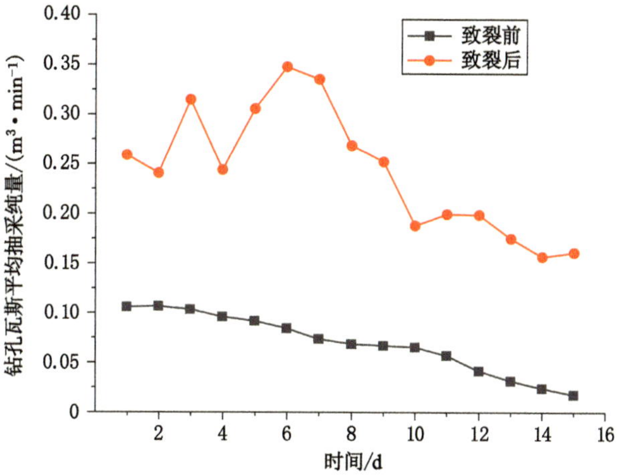

图 5-11　平均单孔抽采纯量对比曲线

的 2.45 倍，且瓦斯抽采浓度基本维持在 80%左右，衰减缓慢，抽采 15 d 后依旧稳定在 70%上下，确保了瓦斯的稳定持续抽采。

由图 5-11 分析可知，未进行二氧化碳致裂增透区域钻孔瓦斯抽采纯量呈持续衰减的趋势，最大值仅为 0.109 m^3/min，至 13 d 左右基本达到抽采平稳期，且抽采纯量仅为 0.03 m^3/min左右，未进行二氧化碳致裂增透区域煤层瓦斯抽采纯量平均为0.070 8 m^3/min；采用二氧化碳致裂增透后，钻孔抽采纯量显著增加，二氧化碳致裂完成后，钻孔抽采纯量逐渐增大，至第 6 d 达到最大值 0.350 m^3/min，然后开始下降，到第 10 d 左右达到平稳期，平稳后瓦斯抽采纯量维持在 0.20 m^3/min 左右，二氧化碳致裂增透区域煤层瓦斯抽采纯量平均为 0.244 4 m^3/min，是未进行二氧化碳致裂区域的 3.45 倍。

5.3.5　瓦斯含量对比考察

为了准确估算考察区域的原始煤层瓦斯含量，确定考察区域应抽采的瓦斯量和计算应抽采的瓦斯抽采率，在工作面施工抽采钻孔前先在 39113 工作面运输巷取心测定原始煤层瓦斯含量。取心 120 m 时煤层原始瓦斯含量见表 5-9。

表 5-9　煤层原始瓦斯含量测定结果

取心测点	取心深度/m	煤层原始瓦斯含量/($m^3 \cdot t^{-1}$)
1 号测点	120	13.151

项目实施区域煤层赋存稳定，且各钻孔均匀分布，满足设计要求。因此，钻孔控制范围内，不存在抽采盲区。根据各钻孔的施工孔深、有效抽采长度及瓦斯抽采纯量，计算出各钻孔累计瓦斯抽采纯量，进而计算出钻孔瓦斯抽采率及煤层残余瓦斯含量。

钻孔控制区域煤层总瓦斯含量 Q=181 231 m^3，经过 15 d 抽采后，评价单元内的瓦斯抽采总量为 108 296 m^3，瓦斯抽采率为 60%，计算得出抽采钻孔控制区域内残余瓦斯含量 W_{cy}= 5.26 m^3/t。

计算的钻孔控制范围内煤层残余瓦斯含量为 5.26 m^3/t，小于《防治煤与瓦斯突出细则》规定的残余瓦斯含量临界值 8 m^3/t。综上所述，39113 工作面运输巷考察区域的各项指标评价结果均符合相关规定要求，因此判定该区域的抽采效果达标。

抽采达标后，进行残余瓦斯含量验证，取心钻孔参数见表 5-10，实测残余瓦斯含量如表 5-11 所示。

表 5-10 3 号基点(50～150 m 段)取心钻孔参数

取心钻孔编号	测点	钻孔方位角/(°)	取心点深度/m
1 号孔(中孔)	第一测点	280	60
	第二测点	280	100
2 号孔(上帮孔)	第一测点	269	40
	第二测点	269	83
3 号孔(下帮孔)	第一测点	290	42
	第二测点	290	82

表 5-11 3 号基点(50～150 m 段)取心钻孔测定结果

钻孔和测点		残余瓦斯含量/($m^3 \cdot t^{-1}$)	评价结果
1 号孔	第一测点	6.504 4	无突出危险
	第二测点	7.409 6	
2 号孔	第一测点	5.738 6	
	第二测点	6.876 1	
3 号孔	第一测点	5.286 3	
	第二测点	6.347 0	
平均		6.360 3	

根据顺层深孔预裂爆破后效果可以得出，抽采 15 d 后，钻孔控制范围内煤层残余瓦斯含量均降到 8 m^3/t 以下，且施工钻孔时没有喷孔、顶钻或其他动力现象，评估认为煤层考察范围预抽瓦斯防突效果达标。

5.4 增透技术在宏发煤矿应用的效果分析

5.4.1 二氧化碳致裂效果考察方案

在宏发煤矿 1903 工作面回风巷下帮布置 14 个二氧化碳致裂孔，在上帮布置 2 个二氧化碳致裂孔，共布置 16 个二氧化碳致裂孔(二氧化碳致裂后兼作瓦斯抽采孔)，各孔间距 10 m，孔径 94 mm，开孔高度 1.2 m。为便于二氧化碳致裂前后效果对比考察，在 1903 工作面回风巷上帮布置 5 个对比孔，各孔间距 10 m，孔径 94 mm，开孔高度 1.2 m，钻孔布置如图 5-12 所示，钻孔参数如表 5-12 所示。二氧化碳致裂工作结束后，开始对二氧化碳致裂区域的透气性系数、钻孔抽采浓度及纯量、瓦斯含量进行考察，通过对比孔考察未进行二氧化碳致裂区域的透气性系数、钻孔抽采浓度及纯量、瓦斯含量。

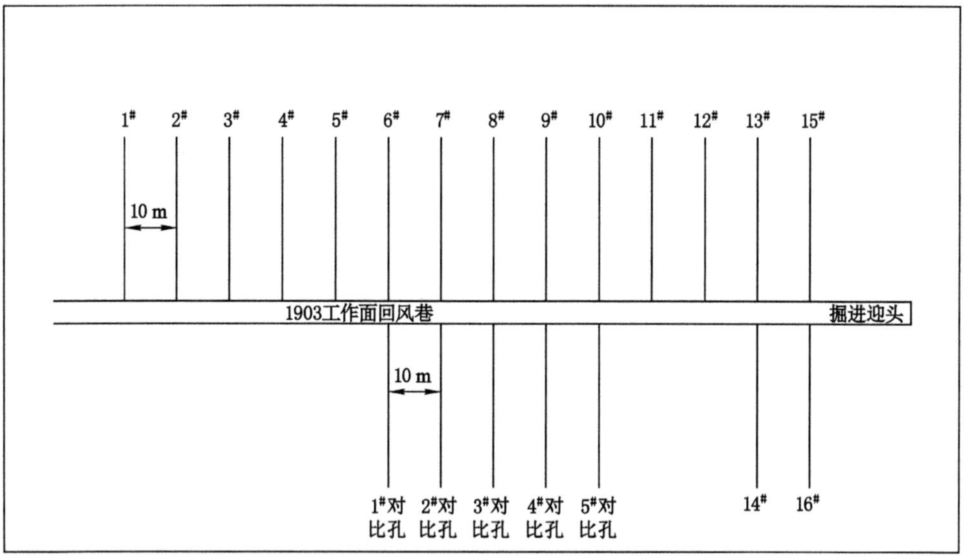

图 5-12　1903 工作面回风巷钻孔布置示意图

表 5-12　1903 工作面回风巷钻孔参数

孔号	成孔深度/m	倾角/(°)	方位角/(°)	二氧化碳致裂长度/m
1# 致裂孔	72	−5	178	42
2# 致裂孔	80	−5	178	46
3# 致裂孔	72	−5	178	40
4# 致裂孔	75	−5	178	44
5# 致裂孔	71	−5	178	42
6# 致裂孔	71	−5	178	40
7# 致裂孔	74	−5	178	42
8# 致裂孔	71	−5	178	40
9# 致裂孔	74	−5	178	42
10# 致裂孔	80	−5	178	46
11# 致裂孔	74	−5	178	42
12# 致裂孔	76	−5	178	42
13# 致裂孔	76	−5	178	42
14# 致裂孔	71	5	358	40
15# 致裂孔	72	−5	178	40
16# 致裂孔	74	5	358	42
1# 对比孔	72	5	358	—
2# 对比孔	76	5	358	—
3# 对比孔	82	5	358	—
4# 对比孔	72	5	358	—
5# 对比孔	71	5	358	—

5.4.1.1 透气性系数对比考察方案

对 1# 和 3# 对比孔的透气性系数进行测定，作为煤层的原始透气性系数；对采用二氧化碳增透后的 6#、7# 和 8# 致裂孔的透气性系数进行测定，作为增透后的透气性系数。将二氧化碳致裂孔与未进行二氧化碳致裂对比孔的透气性系数进行对比。

5.4.1.2 钻孔瓦斯自然流量衰减系数对比考察方案

对 1# 和 3# 对比孔的钻孔瓦斯自然流量衰减系数进行测定，作为煤层的原始钻孔瓦斯自然流量衰减系数；对采用二氧化碳增透后的 6#、7# 和 8# 致裂孔的钻孔瓦斯自然流量衰减系数进行测定，作为增透后的钻孔瓦斯自然流量衰减系数。将二氧化碳致裂孔与未进行二氧化碳致裂对比孔的钻孔瓦斯自然流量衰减系数进行对比。

5.4.1.3 钻孔瓦斯抽采浓度和抽采纯量对比考察方案

在 1#—5# 对比孔接抽后每天观测各孔的瓦斯抽采浓度和纯量，作为二氧化碳致裂增透前的原始瓦斯抽采浓度和纯量；二氧化碳致裂孔致裂完成并正常接抽后，每天观测煤层的瓦斯抽采浓度和纯量，作为二氧化碳致裂后的钻孔瓦斯抽采浓度和纯量。将二氧化碳致裂孔与未进行二氧化碳致裂对比孔的平均单孔瓦斯抽采浓度和纯量进行对比。

5.4.1.4 瓦斯含量对比考察方案

二氧化碳致裂孔施工时，选取 5 个钻孔(1#、5#、9#、13#、16# 致裂孔)取样测定煤层的瓦斯含量，作为二氧化碳致裂增透前的原始瓦斯含量，抽采 30 d 后，计算钻孔瓦斯抽采率及残余瓦斯含量；未进行二氧化碳致裂对比孔施工时，选取 2 个钻孔(1#、3# 对比孔)取样测定煤层的瓦斯含量，作为煤层的原始瓦斯含量，抽采 30 d 后，计算钻孔瓦斯抽采率及残余瓦斯含量。将二氧化碳致裂孔与未进行二氧化碳致裂对比孔的抽采率及残余瓦斯含量进行对比。

5.4.2 透气性系数对比考察

各测定孔封孔后，对钻孔瓦斯自然流量进行测量，测量结果如表 5-13 所示。

表 5-13 煤层瓦斯自然流量测试结果

测试时间/d	1# 对比孔	3# 对比孔	6# 致裂孔	7# 致裂孔	8# 致裂孔
1	0.031	0.033	0.051	0.047	0.05
2	0.027	0.030	0.049	0.045	0.049
3	0.026	0.026	0.048	0.043	0.049
4	0.023	0.023	0.045	0.041	0.048
5	0.021	0.021	0.043	0.040	0.047
6	0.018	0.019	0.041	0.039	0.046
7	0.015	0.016	0.041	0.038	0.045

根据透气性系数计算公式可得各钻孔煤层透气性系数，如表 5-14 所示。

表 5-14 煤层透气性系数

孔号	1# 对比孔	3# 对比孔	6# 致裂孔	7# 致裂孔	8# 致裂孔
透气性系数/[$m^2 \cdot (MPa^2 \cdot d)^{-1}$]	0.126	0.135	0.388	0.363	0.441

如表 5-14 所示，二氧化碳致裂增透前煤层瓦斯透气性系数 λ 为 0.126～0.135 $m^2/(MPa^2 \cdot d)$，平均透气性系数为 0.131 $m^2/(MPa^2 \cdot d)$，二氧化碳致裂增透后煤层瓦斯透气性系数 λ 为 0.363～0.441 $m^2/(MPa^2 \cdot d)$，平均透气性系数为 0.397 $m^2/(MPa^2 \cdot d)$，二氧化碳致裂后煤层透气性系数为原始煤层的 3.03 倍。

5.4.3　钻孔瓦斯自然流量衰减系数对比考察

根据所测钻孔瓦斯自然流量，拟合各钻孔自然瓦斯涌出规律及自然流量衰减系数，如图 5-13 所示。

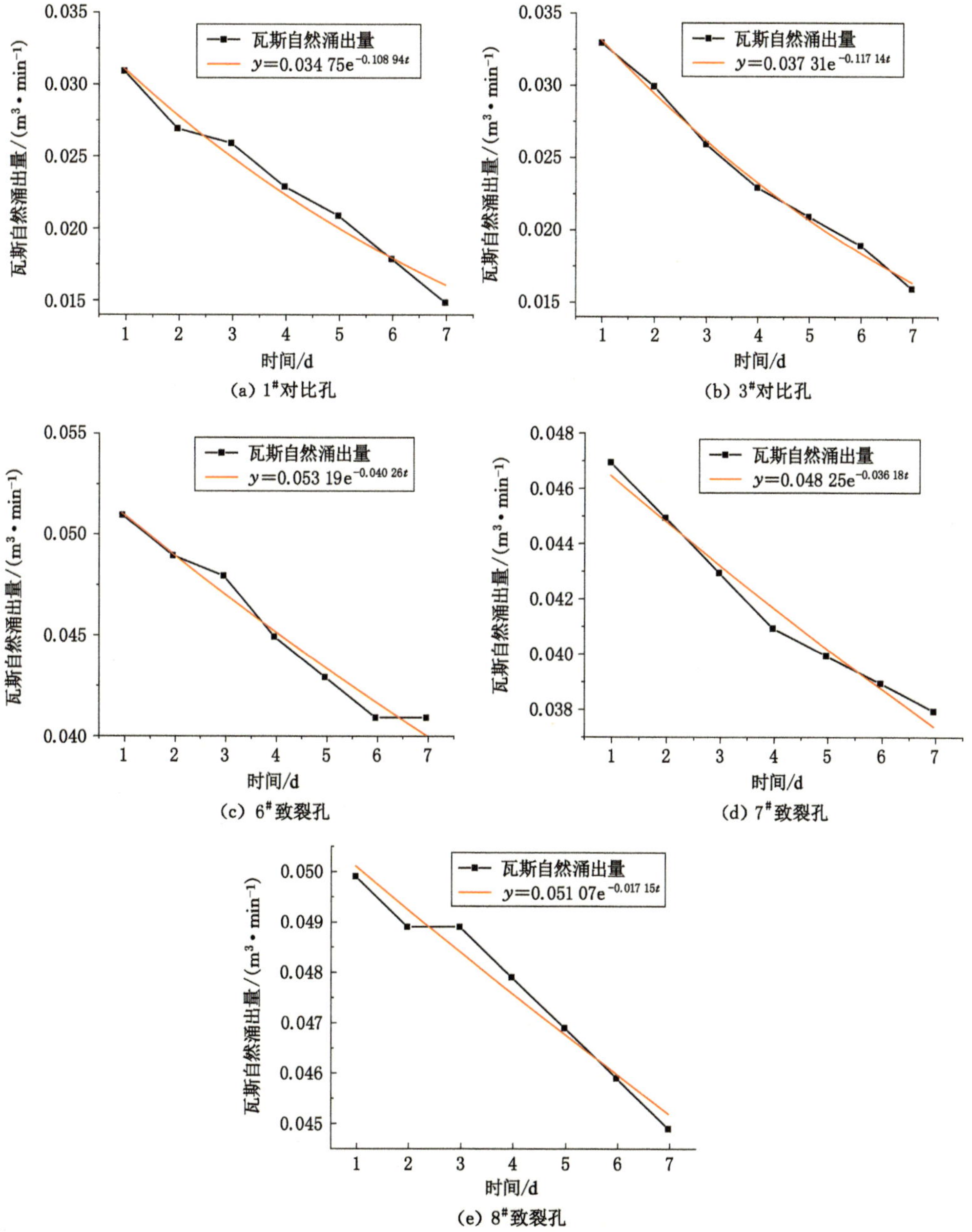

图 5-13　钻孔瓦斯自然流量衰减曲线

由图 5-13 可以看出，二氧化碳致裂前(1#、3#对比孔)瓦斯自然涌出量随时间延长迅速衰减；二氧化碳致裂后(6#、7#、8#致裂孔)瓦斯涌出量增加，瓦斯自然涌出量也随时间延长较缓慢衰减，但在一段时间内维持在较高的水平。

结果表明，增透前钻孔瓦斯自然流量衰减系数 β=0.108 94～0.117 14 d^{-1}，平均为 0.113 04 d^{-1}，二氧化碳致裂增透后，钻孔瓦斯自然流量衰减系数β=0.017 15～0.040 26 d^{-1}，平均为 0.031 20 d^{-1}，即二氧化碳致裂增透后钻孔瓦斯自然流量衰减系数减小了 72.2%。可见，二氧化碳致裂增透有效改善了二氧化碳致裂区域内煤体的裂隙结构，促使瓦斯更容易解吸及排放，使瓦斯抽采具有可持续性。

5.4.4 钻孔瓦斯抽采浓度和抽采纯量对比考察

每个钻孔封孔接抽后记录开始抽采时间，并每天采用 CJZ70 型瓦斯抽采参数测定仪测定钻孔瓦斯抽采浓度及抽采纯量，部分二氧化碳致裂孔瓦斯抽采浓度及抽采纯量变化曲线如图 5-14 所示。

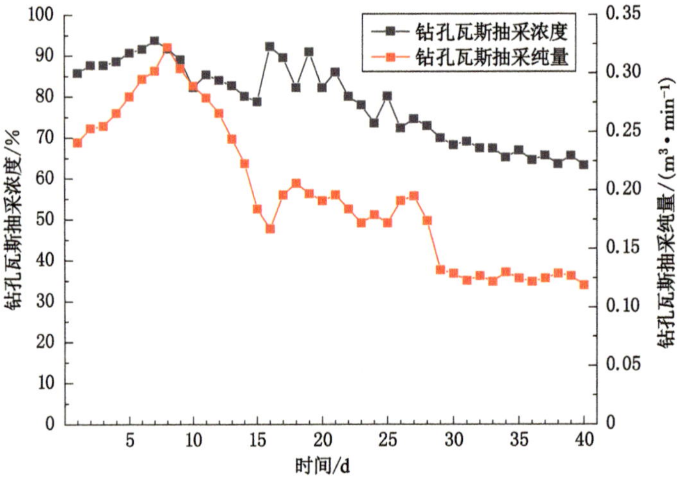

(a) 6#致裂孔

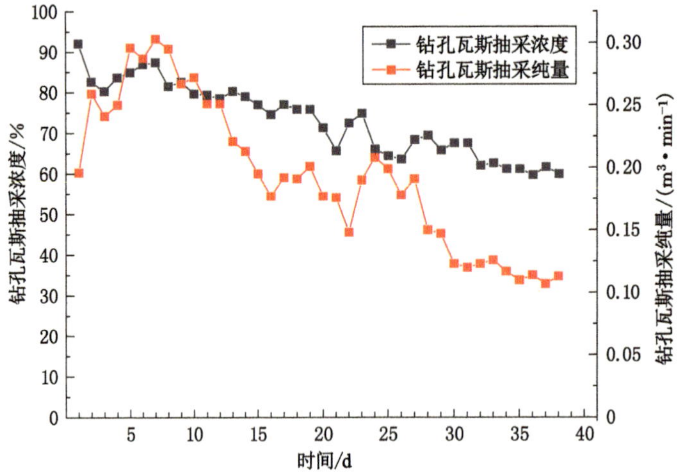

(b) 7#致裂孔

图 5-14 部分二氧化碳致裂孔瓦斯抽采浓度及抽采纯量变化曲线

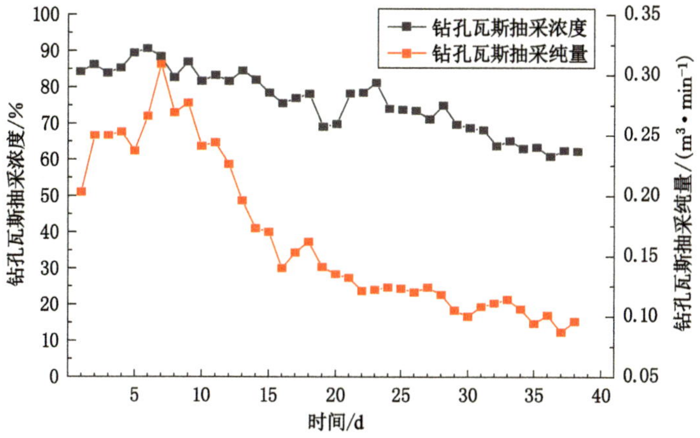

(c) 8#致裂孔

图 5-14(续)

由图 5-14 可知，在二氧化碳致裂增透效果考察期间，钻孔瓦斯抽采纯量大致在二氧化碳致裂 7 d 左右达到高峰，随后出现衰减趋势，但衰减速度较慢，抽采纯量最终都高于 0.08 m^3/min。钻孔的瓦斯抽采浓度在前几天呈上升趋势，后期缓慢下降，钻孔瓦斯抽采浓度最终均高于 60%。

如图 5-15 所示，在整个考察期间，未进行二氧化碳致裂对比孔瓦斯抽采纯量呈衰减趋势，且衰减速度较快，19 d 左右达到稳定状态，抽采纯量维持在 0.01 m^3/min 左右；钻孔瓦斯抽采浓度最高为 50%左右，且呈持续衰减的趋势，最终维持在 10%左右。

将二氧化碳致裂区域与未进行二氧化碳致裂区域所有钻孔在前 30 d 的平均抽采浓度及抽采纯量进行对比，平均单孔抽采浓度对比曲线如图 5-16 所示，平均单孔抽采纯量对比曲线如图 5-17 所示。

由图 5-16 分析可知，接抽 30 d 内，未进行二氧化碳致裂增透区域煤层瓦斯抽采浓度平均为 18.13%，且前期瓦斯抽采浓度呈持续衰减趋势，20 d 后抽采浓度仅维持在 10%

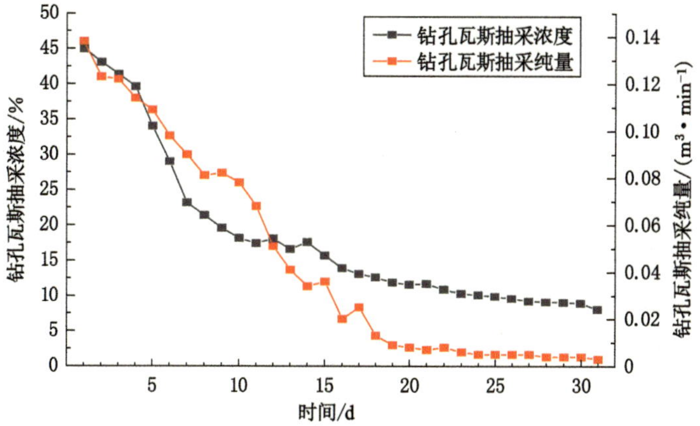

(a) 1#对比孔

图 5-15　部分未进行二氧化碳致裂对比孔瓦斯抽采浓度及抽采纯量变化曲线

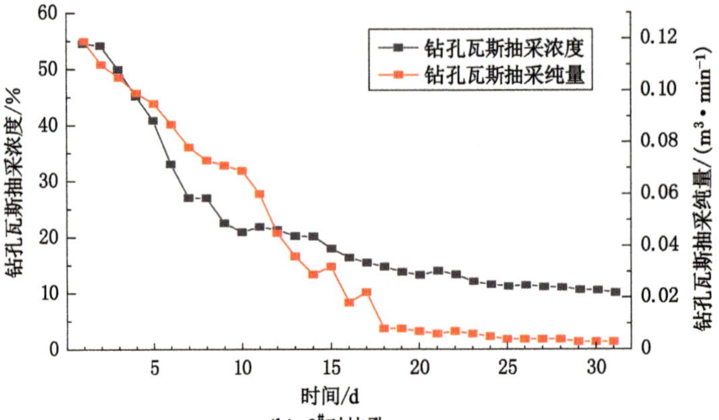

(b) 3#对比孔

图 5-15(续)

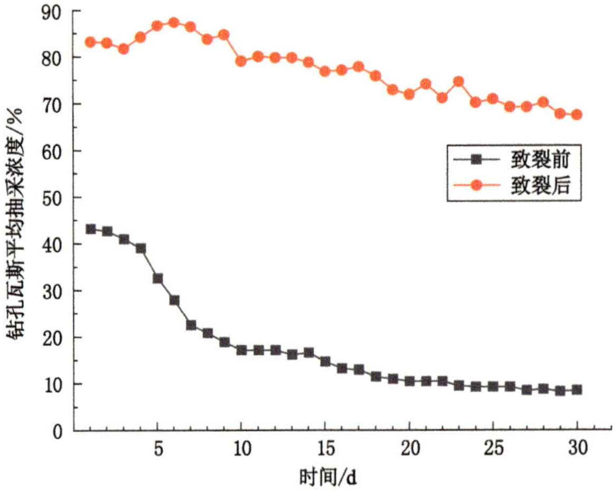

图 5-16　平均单孔抽采浓度对比曲线

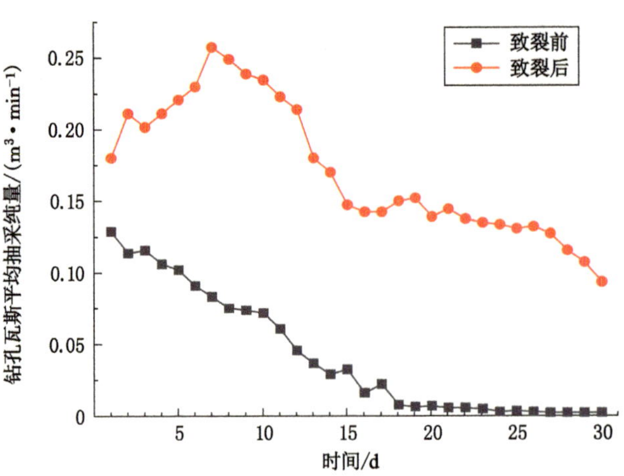

图 5-17　平均单孔抽采纯量对比曲线

左右；二氧化碳致裂区域的煤层瓦斯抽采浓度平均为77.47%，是未进行二氧化碳致裂区域的4.27倍，且瓦斯抽采浓度衰减较缓慢，抽采30 d后依旧稳定在70%上下，可确保瓦斯的稳定持续抽采。

由图5-17分析可知，未进行二氧化碳致裂区域钻孔瓦斯抽采纯量呈持续衰减的趋势，最大值仅为0.13 m^3/min，18 d左右达到抽采平稳期，且抽采纯量仅为0.01 m^3/min左右，未进行二氧化碳致裂增透区域煤层瓦斯抽采纯量平均为0.042 7 m^3/min；采用二氧化碳致裂增透后，钻孔抽采纯量显著增加，二氧化碳致裂完成后，钻孔抽采纯量逐渐增大，至第7 d达到最大值0.257 m^3/min，然后开始下降，到第15 d左右达到平稳期，平稳后瓦斯抽采纯量维持在0.15 m^3/min左右，二氧化碳致裂增透区域煤层瓦斯抽采纯量平均为0.172 1 m^3/min，是未进行二氧化碳致裂区域的4.03倍。

5.4.5　瓦斯含量对比考察

在二氧化碳致裂孔及未进行二氧化碳致裂对比孔施工时，分别取样测定煤层的瓦斯含量。测定的抽采前煤层瓦斯含量如表5-15所示。

表5-15　抽采前煤层瓦斯含量

孔号	1# 致裂孔	5# 致裂孔	9# 致裂孔	13# 致裂孔	16# 致裂孔	1# 对比孔	3# 对比孔
瓦斯含量/($m^3 \cdot t^{-1}$)	14.69	12.46	11.80	13.62	11.31	10.40	9.79

由于项目实施区域1903工作面回风巷所处M9煤层赋存稳定，且各钻孔均匀分布，因此，根据各钻孔的施工孔深、有效抽采长度及瓦斯抽采纯量，计算出各钻孔抽采30 d内累计瓦斯抽采纯量，进而计算出各钻孔瓦斯抽采率及煤层残余瓦斯含量。

各钻孔抽采率及残余瓦斯含量计算结果如表5-16所示。

表5-16　各钻孔瓦斯抽采情况

孔号	累计抽采纯量/m^3	抽采率/%	残余瓦斯含量/($m^3 \cdot t^{-1}$)
1# 致裂孔	8 890.56	60.04	5.87
5# 致裂孔	6 398.33	51.66	6.02
9# 致裂孔	6 708.39	54.88	5.32
13# 致裂孔	7 154.64	49.37	6.90
16# 致裂孔	7 155.98	61.07	4.40
1# 对比孔	2 006.59	19.14	8.41
3# 对比孔	1 749.37	15.57	8.27

由表5-16分析可知，在钻孔瓦斯抽采率方面，二氧化碳致裂增透区域单孔的瓦斯抽采效果比未进行二氧化碳致裂区域的单孔瓦斯抽采效果提高了2.58～3.92倍。接抽30 d后，二氧化碳致裂孔控制区域煤层残余瓦斯含量均在8 m^3/t以下，未进行二氧化碳致裂对比孔控制区域煤层残余瓦斯含量均在8 m^3/t以上。

5.5 增透技术在攀枝花煤矿应用的效果分析

5.5.1 二氧化碳致裂效果考察方案

依据攀枝花煤矿 12# 煤层瓦斯参数及钻孔设计，并结合二氧化碳致裂技术在贵州区域的应用情况，进行 111204 工作面回风巷、运输巷二氧化碳致裂钻孔设计。回风巷、运输巷各设计 15 个致裂钻孔，开孔直径 94 mm，钻孔间距 3 m，要求采用压风排砟工艺施工，致裂后兼作抽采钻孔，每个致裂孔均在致裂完毕后立即封孔联抽。回风巷钻孔施工顺序为：258#→272#，运输巷钻孔施工顺序为：504#→533#（双数孔为致裂孔）。111204 工作面二氧化碳相变致裂钻孔设计参数如表 5-17 所示。111204 工作面钻孔布置示意图如图 5-18 所示。

表 5-17 111204 工作面回风巷和运输巷二氧化碳相变致裂钻孔设计参数

回风巷				运输巷			
孔号	方位角/(°)	倾角/(°)	深度/m	孔号	方位角/(°)	倾角/(°)	深度/m
258#	332	−28	60	504#	152	28	120
259#	332	−28	60	506#	152	28	120
260#	332	−28	60	508#	152	28	120
261#	332	−28	60	510#	152	28	120
262#	332	−28	60	512#	152	28	120
263#	332	−28	60	514#	152	28	120
264#	332	−28	60	516#	152	28	120
265#	332	−28	60	518#	152	28	120
266#	332	−28	60	520#	152	28	120
267#	332	−28	60	522#	152	28	120
268#	332	−28	60	524#	152	28	120
269#	332	−28	60	526#	152	28	120
270#	332	−28	60	528#	152	28	120
271#	332	−28	60	530#	152	28	120
272#	332	−28	60	532#	152	28	120

111204 工作面回风巷于 2022 年 5 月 21 日中班开始施工致裂孔，截至 5 月 23 日早班共计施工 15 个致裂孔，每个致裂孔均在致裂完毕后立即封孔联抽。本次实际施工致裂孔为：272#→258#。111204 工作面运输巷于 2022 年 5 月 31 日夜班开始施工致裂孔，截至 6 月 6 日早班共计施工 17 个致裂孔，每个致裂孔均在致裂完毕后立即封孔联抽。本次实际施工致裂孔为：524#→489#（双数为致裂孔）。根据矿方提供的资料和现场施工记录绘制钻孔成果表，如表 5-18 所示。

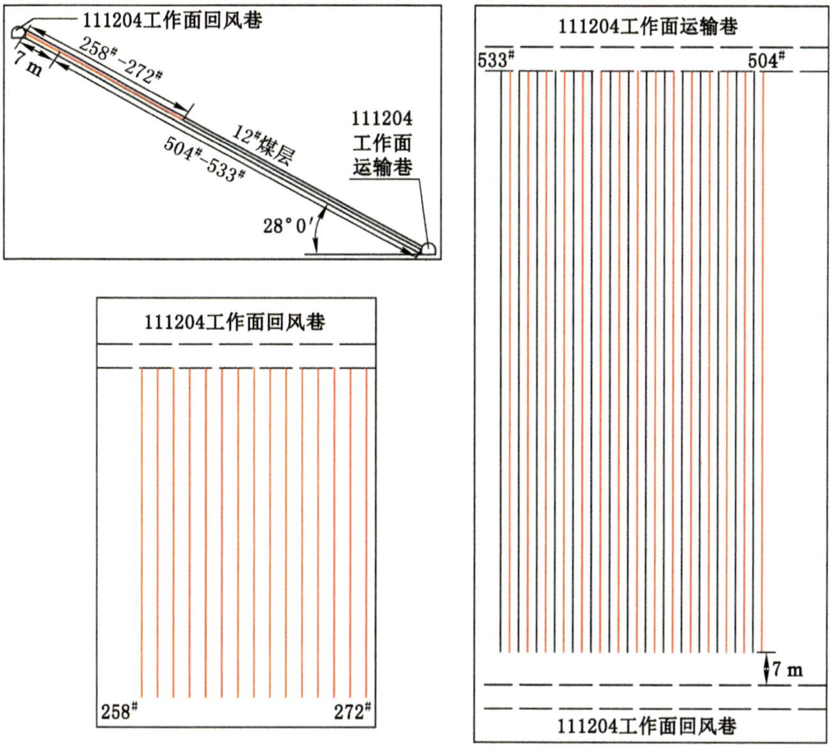

图 5-18　111204 工作面回风巷和运输巷钻孔设计图

表 5-18　111204 工作面回风巷和运输巷二氧化碳相变致裂钻孔施工记录

回风巷				运输巷			
孔号	方位角/(°)	倾角/(°)	深度/m	孔号	方位角/(°)	倾角/(°)	深度/m
258#	332	−28	64	490#	152	28	130
259#	332	−28	63	492#	152	28	135
260#	332	−28	63	494#	152	28	135
261#	332	−28	63	496#	152	28	125
262#	332	−28	64	498#	152	28	125
263#	332	−28	64	500#	152	28	123
264#	332	−28	60	504#	152	28	125
265#	332	−28	62	506#	152	28	125
266#	332	−28	63	508#	152	28	125
267#	332	−28	61	510#	152	28	128
268#	332	−28	62	512#	152	28	106
269#	332	−28	64	514#	152	28	121
270#	332	−28	64	516#	152	28	121
271#	332	−33	64	518#	152	28	129
272#	332	−33	58	520#	152	28	134
				522#	152	28	132
				524#	152	28	124

5.5.2 透气性系数对比考察

在煤岩中通常根据透气性系数对瓦斯气体的流动难易程度进行评价。根据煤层径向不稳定流动理论结合瓦斯压力、煤层瓦斯含量及钻孔参数确定其透气性系数，对二氧化碳致裂前后的煤层透气性系数进行计算。由于致裂孔较多，选取 490#、500#、510#、520# 钻孔进行考察，与 12# 煤层原始透气性系数进行对比。结果汇总如表 5-19 所示。

表 5-19 致裂前后煤层透气性系数

孔号	原 1	原 2	490# 致裂孔	500# 致裂孔	510# 致裂孔	520# 致裂孔
透气性系数/[m^2 · (MPa^2 · d)$^{-1}$]	0.447 1	0.473 2	1.354 3	1.512 3	1.494 3	1.623 3

如表 5-19 所示，致裂前原始煤层的透气性系数 λ 为 0.447 1～0.473 2 $m^2/(MPa^2 \cdot d)$，液态二氧化碳相变致裂后煤层透气性系数 λ 为 1.354 3～1.623 3 $m^2/(MPa^2 \cdot d)$，致裂后煤层透气性系数是原始煤层的 2.86～3.63 倍，煤层的透气性显著提高。

5.5.3 钻孔瓦斯自然流量衰减系数对比考察

煤层瓦斯抽采难易程度通常可以用自然流量衰减系数进行评价[53]。根据部分致裂孔（490#、500#、510#、520# 致裂孔）的瓦斯自然流量测定结果计算自然流量衰减系数，并与《攀枝花煤矿可采煤层瓦斯基本参数测定技术报告》中的 12# 煤层原始自然流量衰减系数进行对比，结果汇总如表 5-20 所示。

表 5-20 自然流量衰减系数

孔号	原 1	原 2	490# 致裂孔	500# 致裂孔	510# 致裂孔	520# 致裂孔
衰减系数/d^{-1}	0.153 2	0.144 2	0.093 2	0.104 2	0.079 2	0.883 2

根据表 5-20 可以看到，液态二氧化碳致裂前钻孔瓦斯自然流量衰减系数 β=0.144 2～0.153 2 d^{-1}，致裂后钻孔瓦斯自然流量衰减系数 β=0.079 2～0.104 2 d^{-1}，致裂后钻孔瓦斯自然流量衰减系数减小了 27.7%～48.3%。可见，液态二氧化碳相变致裂有效改善了致裂区域煤体的孔裂隙结构，促使瓦斯更容易解吸和运移扩散，提高了瓦斯抽采效率，显著缩短了瓦斯治理周期。

5.5.4 钻孔瓦斯抽采浓度和抽采纯量对比考察

钻孔全部施工完毕并封孔联抽后，采用 CJZ70 型瓦斯抽采综合参数测定仪测定单孔瓦斯抽采浓度和抽采纯量，所有钻孔考察时间不少于 31 d。由于钻孔较多，选取部分致裂孔和未致裂孔抽采浓度和抽采纯量数据绘图，如图 5-19、图 5-20 所示。

根据封孔联抽 31 d 的瓦斯抽采浓度和抽采纯量曲线可知，致裂孔的抽采浓度和抽采纯量均先增加，在抽采一周左右达到高峰，抽采浓度最大达到 88.2%，抽采纯量最大达到 0.321 3 m^3/min，随后出现迅速衰减趋势，到 16 d 左右达到稳定状态，抽采浓度稳定在 50% 左右，抽采纯量稳定在 0.15 m^3/min 左右。而未致裂孔抽采浓度和抽采纯量总体呈衰减趋势，且抽采前两周迅速衰减至稳定状态，抽采浓度稳定在 15% 左右，抽采纯量稳定在 0.01 m^3/min 左右。这表明液态二氧化碳相变致裂作用能有效改善煤体孔裂隙结构，增强煤体透气性，提高瓦斯抽采效率。

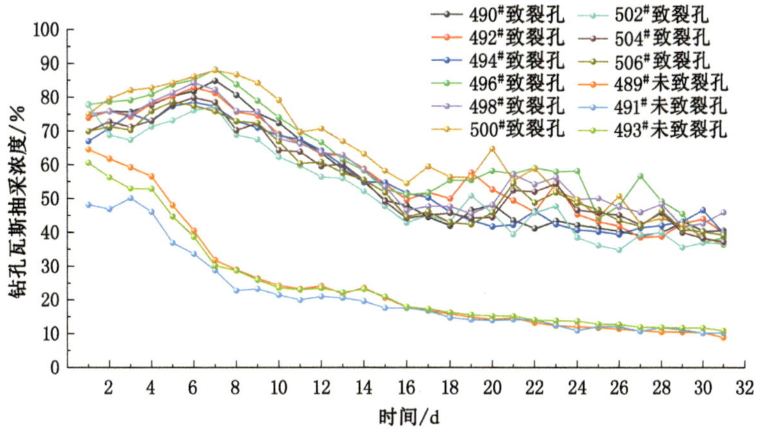

图 5-19　钻孔瓦斯抽采浓度

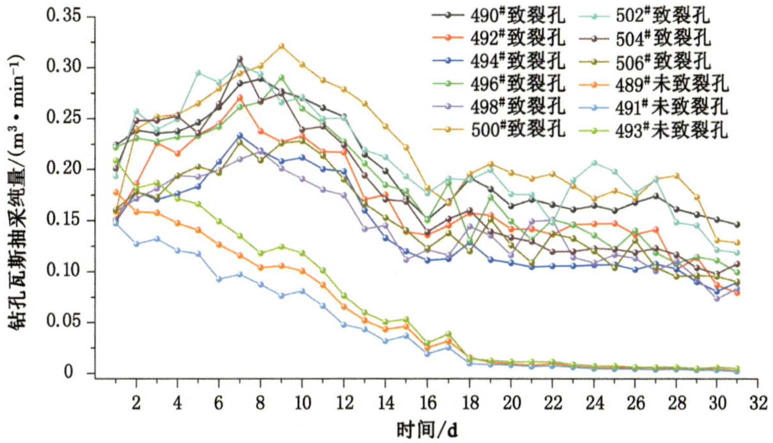

图 5-20　钻孔瓦斯抽采纯量

5.5.5　瓦斯含量对比考察

抽采结束后于 2022 年 7 月 6 日早班在 111204 工作面取得 5 份致裂区域煤样测定残余瓦斯含量，取心参数及测定结果如表 5-21 所示。

表 5-21　取心参数及测定结果

致裂煤样编号	取心深度/m	方位角/(°)	原始瓦斯含量/($m^3 \cdot t^{-1}$)	残余瓦斯含量/($m^3 \cdot t^{-1}$)	抽采率/%
1#	30	332	8.496 2	3.881 5	54.31
2#	60	332	8.986 2	4.163 3	53.67
3#	30	152	7.946 2	4.374 3	44.95
4#	60	152	8.306 2	4.514 4	45.65
5#	90	152	9.176 2	4.356 3	52.53

根据攀枝花煤矿提供的煤层瓦斯含量基础资料和取心结果，12# 煤层最大原始瓦斯含

量为 9.176 2 m^3/t，二氧化碳相变致裂完成并封孔联抽 31 d 后，测得致裂区域的最大残余瓦斯含量为 4.514 4 m^3/t，抽采率为 44.95%～54.31%。连抽 31 d 后，致裂孔控制区域煤层残余瓦斯含量均在《防治煤与瓦斯突出细则》规定的残余瓦斯含量临界值 8 m^3/t 以下，大幅缩短了瓦斯治理时间。

5.6 二氧化碳致裂技术在煤矿应用综合对比分析

5.6.1 透气性系数对比考察

大运、红林、宏发、攀枝花四个煤矿的二氧化碳致裂前后的煤层透气性系数如表 5-22 所示。

表 5-22 煤层透气性系数

矿井名称	二氧化碳致裂前平均透气性系数/[$m^2\cdot(MPa^2\cdot d)^{-1}$]	二氧化碳致裂后平均透气性系数/[$m^2\cdot(MPa^2\cdot d)^{-1}$]	致裂后透气性系数增加倍数
大运煤矿	0.127	0.398	2.13
红林煤矿	0.383	0.931	1.43
宏发煤矿	0.131	0.397	2.03
攀枝花煤矿	0.447 1～0.473 2	1.354 3～1.623 3	1.86～2.63

由表 5-22 可知，实施了二氧化碳致裂增透技术后，煤层透气性系数比二氧化碳致裂前的透气性系数增加了 1.43～2.63 倍，透气性系数得以提高，有利于瓦斯的运移与抽采。

5.6.2 钻孔瓦斯自然流量衰减系数对比考察

大运、红林、宏发、攀枝花四个煤矿的二氧化碳致裂前后的钻孔瓦斯自然流量衰减系数如表 5-23 所示。

表 5-23 钻孔瓦斯自然流量衰减系数

矿井名称	二氧化碳致裂前自然流量衰减系数/d^{-1}	二氧化碳致裂后自然流量衰减系数/d^{-1}	致裂后自然流量衰减系数减小幅度/%
大运煤矿	0.113 89	0.032 65	71.3
红林煤矿	0.046	0.015 58	66.1
宏发煤矿	0.113 04	0.031 20	72.2
攀枝花煤矿	0.144 2～0.153 2	0.079 2～0.104 2	27.7～48.3

由表 5-23 可知，实施了二氧化碳致裂增透技术后，煤层瓦斯自然流量衰减系数比二氧化碳致裂前的自然流量衰减系数减小了 27.7%～72.2%，自然流量衰减系数减小，瓦斯自然涌出量增加，有利于瓦斯的抽采。

5.6.3 钻孔瓦斯抽采浓度和抽采纯量对比考察

大运、红林、宏发、攀枝花四个煤矿的二氧化碳致裂前后的钻孔瓦斯抽采浓度和抽采纯量如表 5-24 和表 5-25 所示。

表 5-24　煤层钻孔平均抽采浓度

矿井名称	二氧化碳致裂前平均抽采浓度/%	二氧化碳致裂后平均抽采浓度/%	致裂后抽采浓度增加倍数
大运煤矿	18.65	78.23	3.19
红林煤矿	32.16	79.81	1.45
宏发煤矿	18.13	77.47	3.27
攀枝花煤矿	—	—	—

表 5-25　煤层钻孔平均抽采纯量

矿井名称	二氧化碳致裂前平均抽采纯量 /($m^3 \cdot min^{-1}$)	二氧化碳致裂后平均抽采纯量 /($m^3 \cdot min^{-1}$)	致裂后抽采纯量增加倍数
大运煤矿	0.044 7	0.172 2	2.85
红林煤矿	0.070 8	0.244 4	2.45
宏发煤矿	0.042 7	0.172 1	3.03
攀枝花煤矿	—	—	—

由表 5-24 可知，实施了二氧化碳致裂增透技术后，煤层瓦斯平均抽采浓度比二氧化碳致裂前的平均抽采浓度增加了 1.45～3.27 倍；由表 5-25 可知，实施了二氧化碳致裂增透技术后，煤层瓦斯平均抽采浓度比二氧化碳致裂前的平均抽采浓度增加了 2.45～3.03 倍。瓦斯抽采浓度和抽采纯量增大，反映了二氧化碳致裂增透技术可以有效地提高煤层的抽采浓度和抽采纯量，有利于瓦斯的稳定抽采[54]。

5.6.4　瓦斯含量对比考察

大运、红林、宏发、攀枝花四个煤矿的二氧化碳致裂前后的煤层瓦斯含量如表 5-26 所示。

表 5-26　煤层二氧化碳致裂前后抽采率及瓦斯含量

矿井名称	二氧化碳致裂前平均抽采率/%	二氧化碳致裂后平均抽采率/%	未采用二氧化碳致裂区抽采后煤层瓦斯含量/($m^3 \cdot t^{-1}$)	二氧化碳致裂区抽采后煤层瓦斯含量/($m^3 \cdot t^{-1}$)	致裂后抽采率增加倍数
大运煤矿	13.25	50.725	9.135	5.507 5	2.828
红林煤矿	—	60	—	5.26	—
宏发煤矿	17.355	55.404	8.34	5.702	2.192
攀枝花煤矿	—	44.95～54.31	—	3.881 5～4.514 4	—

由表 5-26 可知，实施了二氧化碳致裂增透技术后，二氧化碳致裂增透后瓦斯的抽采率是未进行二氧化碳致裂增透煤层的 2.192～2.828 倍，二氧化碳致裂区煤层抽采后的残余瓦斯含量低于《防治煤与瓦斯突出细则》规定的残余瓦斯含量临界值8 m^3/t。可以看出，二氧化碳致裂技术可以快速有效地解决瓦斯难抽采的问题。

参考文献

[1] 马征. 煤体层理方向对液态 CO_2 致裂增透的影响规律研究[D]. 徐州：中国矿业大学，2020.

[2] 丁志华，李文博，周梅华，等. 煤炭价格波动对中国实体经济的影响研究[J]. 北京理工大学学报(社会科学版)，2014，16(2)：18-23.

[3] 刘志良. 基于多区域投入产出模型的中国省际碳排放责任与碳公平研究[D]. 兰州：兰州大学，2022.

[4] 卢海平，张庆玉，赵春红，等. 浅议天然气、煤层气、页岩气成藏特征及勘探开发[J]. 中国矿业，2020，29(增刊 2)：398-401.

[5] 韩忠勤. 我国煤层气地质特征与研究方向思考[J]. 当代化工研究，2021(12)：11-12.

[6] 孙小明. 液态二氧化碳相变致裂穿层钻孔强化预抽瓦斯效果研究[D]. 焦作：河南理工大学，2014.

[7] 汪崇鲜. 影响我国煤矿安全状况的经济技术因素分析[J]. 煤炭科学技术，2005，33(11)：58-61.

[8] 冯扬波. 高瓦斯低透气性煤层强化增透抽放瓦斯技术研究[J]. 城市建设理论研究(电子版)，2017(24)：124-125.

[9] 江泽标. 煤与瓦斯突出危险性影响因素分析[J]. 煤矿现代化，2011(3)：22-23，25.

[10] 扶祥祥. 基于孔隙变化的 CO_2 致裂增透机理的研究与应用[D]. 贵阳：贵州大学，2022.

[11] 江泽标，罗朝义，李佳文，等. 山脚树矿高位钻场倾向长钻孔瓦斯抽采技术研究[J]. 煤炭技术，2017，36(7)：165-166.

[12] 何福胜，毕建乙，王海东. 低透气性煤层水力压裂增透数值模拟研究[J]. 中国煤炭，2018，44(10)：136-142，173.

[13] 张小军，廖文德，邹云辉，等. 低透气性松软煤层增透技术研究现状及高能气体压裂新技术[J]. 能源与环保，2018，40(11)：94-98.

[14] 陈帅. 液氮致裂烟煤裂隙结构演变及渗流特性实验研究[D]. 徐州：中国矿业大学，2020.

[15] 罗朝义. CO_2 致裂增透解吸技术在贵州松软低透煤层的应用研究[D]. 贵阳：贵州大学，2018.

[16] 郭杨霖. 液态二氧化碳相变致裂机理及应用效果分析[D]. 焦作：河南理工大学，2017.

[17] 詹德帅. 二氧化碳充装量与致裂效果的模拟分析[D]. 北京：煤炭科学研究总院，2017.

[18] 王明宇. 液态二氧化碳相变爆破裂纹扩展规律研究及应用[D]. 徐州：中国矿业大学，2018.

[19] 罗朝义，江泽标，郑昌盛，等. 低透煤层 CO_2 相变致裂增透解吸技术的应用[J]. 西安科

技大学学报,2018,38(1):59-64.
[20] 王兆丰,孙小明,陆庭侃,等. 液态 CO_2 相变致裂强化瓦斯预抽试验研究[J]. 河南理工大学学报(自然科学版),2015,34(1):1-5.
[21] 罗朝义,江泽标,郑昌盛,等. CO_2 相变致裂技术在顺煤层钻孔增透中的应用[J]. 煤炭科学技术,2017,45(11):138-143.
[22] 刘纪坤,任棒,王翠霞. 中低阶煤孔隙结构特征及其对瓦斯解吸特性影响[J]. 煤炭科学技术,2022,50(12):153-161.
[23] 江泽标,彭鑫,韦善阳,等. 基于氮吸附、压汞联合试验的 CO_2 致裂对煤岩孔隙的影响[J]. 安全与环境学报,2021,21(1):101-108.
[24] 杨昌永,常会珍,邵显华,等. 扫描电镜下不同煤体结构煤微孔隙特征研究[J]. 煤炭科学技术,2019,47(12):194-200.
[25] MANDELBROT B. How long is the coast of Britain statistical self-similarity and fractional dimension[J]. Science,1967,156(3775):636-638.
[26] 解德录,郭英海,赵迪斐. 基于低温氮实验的页岩吸附孔分形特征[J]. 煤炭学报,2014,39(12):2466-2472.
[27] 陈思粮,江泽标,权西平,等. 基于压汞和低温氮吸附试验的致裂煤孔隙结构及分形特征研究[J/OL]. 煤矿安全,2023:1-7[2023-10-16]. https://kns.cnki.net/kcms/detail/21.1232.TD.20231013.1003.002.html.
[28] 陈煜朋,姜文忠,秦玉金,等. 煤的孔隙分布特征研究理论与方法综述[J]. 煤矿安全,2021,52(3):190-196.
[29] REN J G, ZHANG G C, SONG Z M, et al. Comprehensive fractal description of porosity of coal of different ranks[J]. The scientific world journal, 2014, 2014:490318.
[30] 彭鑫,江泽标,谢雄刚,等. CO_2 致裂对煤孔隙吸解特性与分形特征影响研究[J]. 中国安全科学学报,2019,29(7):110-116.
[31] 王莹,肖巍,姚熊亮,等. 水下爆炸冲击波载荷作用下冰层破碎特性及其影响因素[J]. 爆炸与冲击,2019,39(7):74-81.
[32] 李洪超. 岩石 RHT 模型理论及主要参数确定方法研究[D]. 北京:中国矿业大学(北京),2016.
[33] 褚怀保. 煤体爆破作用机理及试验研究[D]. 焦作:河南理工大学,2011.
[34] 许石青,孙威,王明仲,等. 二氧化碳致裂技术在金佳煤矿 212 运输石门揭煤过程中的应用[J]. 矿业安全与环保,2018,45(6):57-60.
[35] 王永康. 注二氧化碳驱替甲烷实验及数值模拟分析[D]. 徐州:中国矿业大学,2016.
[36] 唐明云,张海路,段三壮,等. 基于 Langmuir 模型温度对煤吸附解吸甲烷影响研究[J]. 煤炭科学技术,2021,49(5):182-189.
[37] 刘峻麟. 低渗煤层 CO_2-ECBM 过程气体吸附解吸-扩散-渗流特征及煤岩物性响应机理[D]. 淮南:安徽理工大学,2023.
[38] 秦玉金,安丰华,苏伟伟,等. 基于 Fick 定律的柱状煤瓦斯扩散系数变化规律及模型构建[J]. 煤炭科学技术,2023,51(8):140-149.

[39] 丁智奔.基于渗透率动态变化的注气驱替 CH_4 实验及数值模拟分析[D].焦作:河南理工大学,2019.

[40] 李菁华.注气驱替煤体瓦斯中吸附及渗流规律实验研究[D].徐州:中国矿业大学,2021.

[41] 林海飞,季鹏飞,孔祥国,等.我国低渗煤层井下注气驱替增流抽采瓦斯技术进展及前景展望[J].煤炭学报,2023,48(2):730-749.

[42] 马砺,李珍宝,邓军,等.常压下煤对 $N_2/CO_2/CH_4$ 单组分气体吸附特性研究[J].安全与环境学报,2015,15(2):64-67.

[43] 贺志宏,张文豪,康建宏,等.二氧化碳驱替煤层甲烷过程竞争吸附的耦合数值模拟[J].矿业研究与开发,2023,43(4):133-138.

[44] 武腾飞,都喜东,郝宇,等.无烟煤基质表面 CO_2 和 CH_4 的吸附热力学分析[J].煤矿安全,2020,51(7):189-194,199.

[45] 马砺,邢园园,魏高明.注二氧化碳驱替煤中甲烷实验研究[J].煤矿安全,2018,49(12):5-8.

[46] 王瑞雪.不同变质程度煤对 CH_4 和 CO_2 吸附特征差异的实验研究[D].徐州:中国矿业大学,2020.

[47] 涂乙,谢传礼,李武广,等.煤层对 CO_2、CH_4 和 N_2 吸附/解吸规律研究[J].煤炭科学技术,2012,40(2):70-72,93.

[48] 范鹏鹏,芦升彦.超临界 CO_2 强化开采煤层气研究进展[J].当代化工,2021,50(7):1681-1684.

[49] 丛子渊.考虑 CO_2 相变及运移规律的气井环空带压研究[D].大庆:东北石油大学,2020.

[50] 张海清,江泽标,田世祥,等.宏发煤矿低渗透性煤层 CO_2 致裂增透技术试验研究[J].中国矿业,2018,27(2):112-116.

[51] 郭亚玲,江泽标,彭鑫,等.二氧化碳致裂对煤孔隙结构影响的试验研究[J].煤矿安全,2022,53(7):20-26.

[52] 邹永洺.基于水力割缝与二氧化碳致裂的煤层增透技术研究[J].煤炭科学技术,2019,47(1):226-230.

[53] 赵龙.液态二氧化碳相变致裂影响半径时效性研究[D].焦作:河南理工大学,2016.

[54] 张家行.二氧化碳致裂技术及在煤矿安全生产中的应用研究[D].北京:煤炭科学研究总院,2017.